U0013575

撓場的科學

解開特斯拉未解之謎，揭曉風水原理，領航靈界取能、星際通訊的人類發展新紀元！

美國史丹福大學電機博士
臺灣大學前校長
李嗣涔 博士——著

suncolor
三采文化

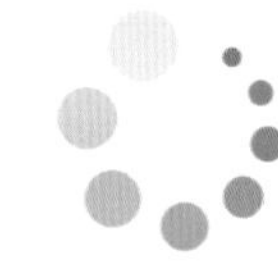

自序

特斯拉沒有說的秘密——撓場

臺大前校長 李嗣涔

尼古拉．特斯拉（Nikola Tesla）於一八五六年出生於奧地利帝國的一個小鎮，在今天的克羅埃西亞共和國之內。他於一八八二年受雇於美國發明家愛迪生（Thomas Alva Edison）在巴黎的分公司做工程師，由於表現傑出，被當地主管推薦到了紐約總公司追隨愛迪生研究發電機技術。但是他很快與愛迪生鬧翻離職而自謀生存，他所發明的多相交流馬達配合交流發電機藉由西屋電氣公司（Westinghouse）的推展及商業化，奠定了現代電力公司的基本發電模式，藉由交流發電及變壓器升高電壓，以低耗損方式傳輸到遠方，再降壓給用戶使用，當然這也打垮了愛迪生所發展的直流發電機技術，導致兩人結下很深的冤仇。

今天我們隨時要用電燈、電腦、電視機、電冰箱、洗衣機等電器產品，只要插上電源插頭，打開開關就可以享受電力文明的便利，這關鍵性的多相交流馬達的發明要歸功於特斯拉具有的一項神奇的能力。他從小在大腦中會產生影像視覺，我們現在叫做「開天眼」，也就是他有特異功能，可以聽到遠處的聲音。當他遇到任何問題，比如設計新的馬達，常常有如神助般會有答案，以影像方式呈現在他的天眼上面。更神奇的是，他還可以讓馬達運轉。如果運轉不順利的話，表示設計有問題，他可以在天眼上更改設計直到運轉成功。結果在天眼上運轉成功的設計，一旦開模做出來，實體機器就一定會成功，這讓他發明了多相位交流馬達。

特斯拉成名以後，直到他一九四三年八十六歲時過世，這幾十年的期間常常發表一些怪異的想法，超過當時世俗的理解。例如，他聲稱用他發明的特斯拉線圈可以接收到外星人傳來的訊息，因此他要發展死光武器以對抗外星人入侵，以避免人類被毀滅；他也收到訊息——地球將會產生溫室效應，北極融冰後洪水會淹沒城市，因此應該從環境中提取自由能源，以解決燃燒化石能源所造成的大氣汙染。他的種種觀念遠遠超前他的時代所能接受，而且他並沒有留下實體完成的機器如死光武器來驗證這些觀點。加上他過世後，美國政府把他遺留下的大量文件扣留了很長的時間，而他商業上的對手愛迪生又不斷地醜化、打壓他，因此特斯拉的事蹟逐漸為人們所遺忘。

直到上世紀九〇年代，特斯拉遺留下來的部分文件重新出現於世間，並引發了一些神秘事件，由曾經擁有者憑記憶記錄下一些斷簡殘篇公諸於世，才再度引起了特斯拉風潮。

我研究特異功能超過二十五年，到最近十年為了解特異功能之謎，我發展出了複數時空的模型來解釋宇宙的實像以及天眼等意識的物理。我在二十五年的研究過程中，也遭遇到像星際通信、尋找外星人、真空取能等現象，與特斯拉晚年一樣，因此我可以體會特斯拉發現這些現象的激動與震撼。不過，由於要到他中老年以後，二十世紀兩個最偉大的理論包括一九一五年的「廣義相對論」及一九二〇年代的「量子力學」才相繼建立，他已經時不我予，無法理解這些新的理論，並應用到他所發現的神秘現象。

但是現在已經是二十一世紀，距離特斯拉當年的發現已經超過一百餘年，科學上已經有很大的進步。有些當時感覺神秘的現象，現在已經可以用科學來解釋了，因此我嘗試在本書用近百年的科學，尤其是「廣義相對論」中撓場的發現與物理性質，以及「量子力學」對意識的闡釋，來解釋特斯拉當年沒有說也無法說的秘密。特別是發現撓場可穿梭陰陽界的特質，不但讓人體會如何從靈界取能，以及揭露中國傳統風水的科學根據，也開始了解了道家奇門遁甲及諸葛亮佈八卦陣的原理。希望這些新知識能稍微彌補特斯拉迷過去的遺憾，也預告了二十一世紀撓力文明即將興起的趨勢。

我在另一本著作《科學氣功》第三章已經對撓場的發現與歷史作了詳細的介紹，也提供撓場透過不同物體，如沾濕的濾紙、金屬鋁、鉬、不鏽鋼等材料，照射去離子水後，水分子團內氧原子同位素O^{17}核磁共振圖譜的變化，由此證明物理撓場的存在及它的穿透性質，並判斷它與水晶氣場具有相似的物理穿透特性，從而認定中國傳統氣功中物理氣場如外氣的本質就是撓場。因此，在本書中我會交互使用氣場或撓場，因為是同一種物理現象，也提出實驗證據說明撓場的許多驚人而有趣的性質，可以說本書是撓場故事2.0版本。

目錄

第1章 特斯拉的特異功能與電力產業的興起

第2章

無線電力傳送與特斯拉遺失的文件

第3章

特斯拉所來不及知道的「撓場」

第4章

穿梭陰陽的撓場——道家風水、八卦、佈陣的解密

第5章 二十一世紀的撓力文明

第一章 特斯拉的特異功能與電力產業的興起

特斯拉於十九世紀末發明了多相交流馬達，
導致了近代電力文明的興起。

他不平凡的一生源於他不平凡的特異功能，
包括影像記憶與開天眼的能力，
他的創造發明有如天助，
實則來自另外一個世界——靈界。

世紀天才特斯拉的特異功能

尼古拉·特斯拉如第十六頁圖1-1所示，他於一八五六年出生於東歐奧地利帝國的一個小鎮，在今天的克羅埃西亞共和國之內。特斯拉的父親是一位東正教的牧師，也是作家，有一個哥哥、三個姐姐，而他對發明的興趣也許是受到母親的影響，因為在他長大的過程中，母親在家事閒暇之餘，常常會製作一些小小的家庭用品。

根據特斯拉的自傳所述，他小時候很喜歡唸書，可以記下整本書的內容，主要原因是他大腦具有影像記憶的能力，看書時可以把每一頁文字就像照相一樣照下來儲存在大腦記憶庫裡。當他需要背頌哪一頁時，就可以從記憶庫裡抽出那一頁來，像一般照片一樣，呈現在大腦的視覺螢幕上，這樣他只要看著照片就可以念出來了，而這種影像出現會讓他體悟到一陣陣靈感。

特斯拉也說過，他小時候常常會生病，這種所謂的生病是他眼前常常會出現強烈到令人目盲的閃光，接著出現視覺影像。這些影像有時與他剛剛想到的字或想法有關，或是他碰到特殊的問題時，解答就突然出現在影像上，有時他甚至可以聽到遠方的聲音，或只是聽到一項物品的名字，物品實際詳細的結構就出現在影像中。

這種現象在現代心理學研究的「聯覺」（synesthesia）現象中有報告過類似的現象，也就是五官的感覺會互相轉換的現象，例如，聽到聲音會看見顏色或影像；看見某些文字會聞到不同味道等等。更特殊的是，特斯拉可以把他設計的新機器在大腦以鉅細靡遺的方式呈現在螢幕上，再用意念讓機器轉動起來。如果運轉不順利，例如機器卡住了，表示設計有問題，他再在大腦裡更改設計，直到運轉成功，再把機器結構畫出來，開模做成實體的機器，通常是一次就成功了。

圖1-1　交流電之父——尼古拉·特斯拉

尼古拉·特斯拉是塞爾維亞裔美籍發明家、物理學家、機械工程師、電機工程師、化學家和未來學家。因設計了現代交流電力系統而廣為人知，被認為是電力商業化的重要推動者，在電磁場領域有著多項革命性發明。

聯覺，所展示的特殊才能

我一生中遇過幾位具有聯覺的人，其中兩位非常特殊，也讓我了解到具有這種能力的人會有哪些不可思議的表現，就像特斯拉一樣。

第一位是科幻小說作家倪匡。二〇〇二年八月我從臺大教務長卸任，六年的行政工作讓我決定下半年去美國加州矽谷的史丹福大學休假進修充電。倪匡當時住在舊金山，離史丹福大學不遠，經我臺大電機系的學弟，也是科幻小說作家葉李華博士的介紹下，因此有一個機緣去倪匡家拜訪。

他家面臨舊金山灣，在金門大橋附近，房子的設計很酷，晚上屋頂可以打開看海灣夜景及天上星星，他號稱是寫過最多中文字（六千萬字以上）的作家，從十七歲在香港投出的第一篇稿子開始，就從來沒有被退過稿。他在寫《衛斯理傳奇》的系列小說時，可以一天寫一本書，速度驚人，原因是他看任何小說時，大腦就會出現螢幕，把小說裡文字描述的人物故事以電影方式在大腦呈現。反過來也是一樣，當他大腦開始演一齣戲，他只要拿起筆來，把戲劇的劇情照樣寫下來就好了，因此一天可以寫一本書，根本不需要自己花時間編劇情，這表示他的故事是天眼從另外一個世界下載下來的。所以，他曾跟我說過，他把金庸早期寫的武俠小說改寫過後比較好看，我們一般人卻覺得修改以後，原來的記憶被打亂了，變得不好看了。這是因為金庸早年為了他每天發行的《明報》刊載武俠小說趕稿，很多場景情節沒有注意時間先後，造成前後矛盾。當這些矛盾的劇情被修正了，倪匡大腦中的電影看起來順暢多了、也合理多了。

第二位具有聯覺的人士是修我課的學生，我二〇一三年六月從臺大校長卸任，沒有壓力以後，決定把我從事氣功及特異功能研究三十年的成果開出一門課來供有興趣的學生選修。經過兩年多規畫，到二〇一六年，我在電機系及研究所開出了一門課「人體潛能專題」，由於要做實驗，包括心電感應及透視力實驗，受限於實驗場地，每學期只能收三十六位學生。一開始的前兩年，選課時預選同學都有幾百位，也造成轟動，但是能修到課的人確實不多。

二〇一七年，一位電機系的研究生林同學來修課，她一上課開始做實驗時就顯現出不凡的能力，心電感應實驗的正確率很高，我從她寫的作業中才發現她具有聯覺的能力。原來她也是一聽到音樂，腦中就會出現螢幕、開始演電影，隨樂曲的不同，電影內容也變得多彩多姿。她過去曾修過音樂欣賞的課程，她對樂曲啟發心智的分析之深入及細膩透徹，常讓上課的老師驚為天人。她以為大家應該都跟她一樣，直到修了我的課以後，才發覺自己是多麼特殊、具有聯覺的能力，與別人完全不一樣。

在班上做心電感應實驗時，我讓每個人靜坐放空一分鐘感應，由同伴提供的五張ＥＳＰ卡片（請見二十一頁圖1-2）隨機抽出一張，發射信號給她。整學期一百次的實驗中，她竟然對了四十九次，而一般同學平均猜對的機率是五分之一，為二十次。她統計的顯著性超過七個標準差，也就是她具有某種跨越時空的心電感應能力。

這種特異功能讓她在讀歷史或古文的時候，可以僅憑片段對話及場景的描述，就可以精準判斷出這些歷史人物心裡在想什麼，可能有什麼情緒，會有什麼作法，並能和以後歷史發展的情節相符。所以她過去的國文老師特別喜歡她對古文的分析，除了能看到她解釋文意，還能解釋作者寫作的心態和當下的情況，覺得是一種享受。

由於林同學擁有聯覺功能，對人心的判斷比較敏銳，所以在辯論賽，或和別人談判時，她能夠立即知道對方話中的意思，直接知道對方心裡想什麼，接下來會說什麼，有時甚至能直接預測對方會拿什麼當辯論的壓軸、談判籌碼，接著直接打中對方弱點。因此不論在哪一種場合，她都會被推派為主講人，或提供分析和擬定對策的副手。我相信特斯拉也多少具有類似的經驗與能力。

圖1-2　ESP心電感應實驗卡片

ESP卡是由美國杜克大學心理學系學生Zener所發明，目的是以或然率測試某人是否擁有超感官知覺（簡稱ESP，Extrasensory Perception）。卡片共有5種符號：圓、正方、十字、星星及波浪，每種5張，全套共25張。

如何知道自己有沒有影像視覺能力？

對研究特異功能的我來說，在二十年前讀到特斯拉的自傳時，一看就知道特斯拉具有兩種能力。第一種是「影像記憶」能力，可以把所看過的圖片及文字，以照片方式記憶下來。第二種他所描述的閃光，加上隨後出現的影像視覺，其實就是「開天眼」的現象。

如同我們在做手指識字實驗時，小朋友必須要等大腦天眼打開後，才能在天眼中看見折疊紙條上寫的文字，或畫的圖形。而且我們發現開天眼前幾秒鐘，從小朋友雙手食指底端的手掌上可以量到幾十毫伏的電壓，表示大腦內部有放電現象，引發神經脈衝傳到手掌上，同時這個放電過程也引發了天眼的形成，讓一個像電視螢幕的畫面在大腦中出現。

這與特斯拉先看到強烈閃光（大腦放電），再出現影像的過程非常類似，所以這種現象並不是生病，而是特異功能出現的前兆，是特斯拉自己誤會了。至於具有影像記憶或開天眼的人在人群中普遍嗎？要如何知道自己是不是有影像視覺？這種能力可以訓練出來嗎？

影像記憶在傳統道家修練自身成仙的過程中，叫作「觀想」，也就是在大腦中根據過去的記憶無中生有產生畫面，比如，閉住眼睛想像一條魚游來游去、一匹馬在原野上奔馳等等。當一般人把眼睛閉起來，會有視覺暫留現象，等到視覺暫留現象消失以後，都是一片黑暗，什麼東西也看不見，只看到環境中穿過眼皮微弱的光線。觀想就是把存在於大腦神經網路記憶中的影像重新激發出來，栩栩如生地展現，就像張開眼親眼目睹一樣。這種觀想能力一旦練成，就可以產生影像記憶的能力。

天生具有影像記憶能力的人，大量存在於畫家或建築師當中。其實一個畫家要畫好一幅畫，除了純熟的繪畫技術外，影像記憶的能力也非常重要。他的大腦可以一邊看記憶中的實景一邊畫，省了很多力氣，光與影的布局直接用看的就好了。我認識很多畫家都有這種能力。建築師也是一樣，他設計的建築，如果能在大腦中成像，並且可以旋轉，從上下左右不同角度來透視，自然設計會比較完美。當然也有少數人像特斯拉一樣，是天生具有影像記憶能力。

二十年前，有一位美國杜克大學的客座教授來找我，他在臺灣長大，當年是臺大醫學系畢業。考大專聯考前兩天，他夢見了一張數學考卷，花了兩天把題目做完，結果進了考場一看，果然是他夢到的考卷，很快就把試卷寫完了。由於要四十分鐘才能繳卷，他就趴在桌上睡覺，結果監考老師還來推醒他，那年數學題目特別難，他考了九十多分。大一上微積分時，老師第一堂課就調查同學聯考的數學成績，結果發現即使是第一志願的醫學系，大部分同學的數學成績都不及格，只有他一個是九十分以上。於是老師叫他出去，不必上微積分課了，結果他真的從此不去上課，學期成績老師給他九十五分。

他說，他具有影像記憶能力，在醫學院做實習醫生的時候，只要看過的X光片，他都能記住。討論案例時，他可以從記憶庫裡調出來，不必去查原始紀錄，就可以解析得清清楚楚。

他到美國留學任教以後，在某一本醫學期刊當了十多年的編輯，只要一有論文投稿進來，他可以在記憶庫中搜尋可能的審查人選，完全不費吹灰之力，因此總編輯十多年不放他走。後來一家投資生醫產業的基金把他挖去工作，替公司創造了很大的利潤，因此派他擔任亞太地區分公司的執行長，兼管臺灣業務。他回到臺灣時，特別來拜訪我，分享他的傳奇故事。

我在三十年的研究特異功能過程中，設計了一個簡單的方法，實驗一下就可以知道自己是不是具有影像記憶能力。

請你拿一個水果，例如蘋果放在眼前凝視十五秒鐘，然後把眼睛閉起來，等視覺暫留現象消失以後，再嘗試把蘋果想像出來，想像出來的蘋果顏色與立體形狀必須跟當初看的完全一樣。如果你不確定是否完全一樣，可以再張眼重新看蘋果十五秒鐘後再做一次。

我也發現從小有接受過速讀或觀想訓練的小朋友，長大後影像記憶的能力仍然存在。在我的「人體潛能專題」課程中修課的同學，有不少位就是小時候的訓練讓他們現在二十多歲仍然保有影像記憶的能力。

開天眼的能力能否訓練？①

我自己在一九九六年七月第一次開了一個兒童潛能訓練班，想要驗證中國大陸研究單位所聲稱的兒童可以訓練出手指識字功能。隨後，我每年暑假開訓練班，以四天每天兩小時的時間訓練小朋友，一直到二○○四年，共計開班九次，總共有一百七十六位小朋友完成四天的訓練，其中有四十一位出現顯著的手指識字能力，大約百分之二十三的比例出現了相當高的功能（統計出錯機率$P<0.05$）。其中三十三位（約百分之十九）出現了大功能（統計出錯機率$P<0.001$）。其年齡分布從八到十一歲的功能都很高，十二歲以後就不行了，人數較少。

這些出現高功能反應的小朋友都會告訴你，他們腦中有一個電視螢幕會打開，文字或圖案的顏色先在螢幕上出現，接著文字或圖案再一部分一部分出現在螢幕上，直到最後正確答案出現為止。也就是小朋友要開了天眼，才會手指或耳朵識字，不開天眼是沒有辦法正確答對的。

過去幾十年的經驗顯示，手指或耳朵識字能力主要集中在十三到十五歲以下的兒童，一般相信這是因為大腦松果體在十三到十五歲開始鈣化的緣故。問題是，天眼似乎並不是位在松果體，而是在松果體後方五到十公分，這似乎暗示年紀超過十五歲的年輕人仍有機會開發出手指或耳朵識字功能。

我在二〇一六到二〇一七年，也在臺灣大學電機系嘗試開發約一百位二十多歲的臺大大學生及研究生，僅僅只用了兩次、每次半小時的訓練，加上課餘的影像視覺自我訓練，也有百分之三的同學出現了耳朵識字的功能。這結果很令人興奮，原來年紀超過十五歲，我們還是有機會經過訓練打開天眼，開發出耳朵識字的功能。

二十五年的研究經驗告訴我，任何人開了天眼，經過反覆的訓練，熟悉怎麼操縱天眼以後，就會開發出各式各樣特異功能。就像小朋友的手指識字功能純熟以後，就可以開發念力，不用接觸就能把盒子中的鐵絲折彎、火柴剪斷，也可以開發出像五神通的能力，如「天眼通」，可以看到遠方的景色或人物；「天耳通」，可以聽見遠方的聲音；「他心通」，可以心電感應到他人的思維；「宿命通」，可以預知未來，迴知過去；「神足通」，可以遨遊大地、來去自如；「手指及耳朵識字」，五官可以互用；加上「念力」，可以用意念幻化萬物、千里搬運等力量，令人目眩神移，不可思議②。

然而有些特異功能人士卻不必開天眼也可以做到，例如，民間很多靈療者可以與病人身上的附靈溝通協調談判，達成雙方接受的條件，而請靈離開，以達到治癒疾病的目的。靈療者並沒有開天眼，但是他的靈魂好像容易脫體進入靈界，直接與附靈溝通，也可以查出病人過去的歷史與附靈的恩怨。我認識一位北京的特異功能人士，他聲稱沒有開天眼，但是能從靈界找出犯案者過去行動的蛛絲馬跡而破大案，因此受到相關部門的重視。

擁有特異功能是福，還是禍？

一個人擁有特異功能，除了表演給一般普通人欣賞，獲取報酬或賞識之外，到底還有什麼用途？對功能人本身來說，是好事還是壞事？

我先舉歷史上三國時期的兩位特異功能人士為例來做說明。第一位是曹操手下具有千里取物的大功能人左慈，第二位是具有小功能蜀漢的宰相諸葛亮。

《後漢書》第八十回《方術列傳（下）》記錄了不少東漢末年特異功能的方士，有些入朝為官，大部分為民間人士修練有成，而留下膾炙人口的事蹟。

左慈，字元放，廬江人也，小時候就有神通，他從星象中預測出漢朝的氣數將盡，國運衰落，天下將要大亂，於是開始學道，對「奇門遁甲」非常精通，能夠驅使鬼神隔空千里搬運，後來他曾在司空曹操門下任職。

有一次曹操帶文武百官出巡，到了吃飯的時候，他對部眾說：「今天準備了佳餚招待各位，但是少了吳淞江的鱸魚。」左慈應答：「這個事好辦。」請人拿來銅盤裝滿了水，以竹竿上餌釣於盤中，不一會兒就釣出一條鱸魚。曹操拊掌大笑，但其他在場官員均大為驚訝。曹操說：「一條魚不夠讓大家吃，你還可以再釣些嗎？」左慈乃換餌再度釣之，一會兒又釣出許多魚，皆長三尺餘，生鮮可愛，曹操叫人烹調來招待官員。

接著，曹操又出題目說：「既然已經有魚，可惜的是沒有蜀地的生薑。」左慈回答：「亦可得也。」語畢就取來生薑。曹操生性多疑，恐怕他是就近索取，結果後來證實是蜀國的生薑。

又有一次，曹操到都城近郊視察，跟隨者有百餘人。左慈帶酒一升、肉一斤，親自給大家斟酒夾肉，結果百官都吃飽也喝醉了，曹操覺得奇怪，派人到附近商家調查，結果發現所有商家的肉及酒都不見了，都被左慈用法術給搬走了，這引起了曹操的警惕，了解此人有大神通非常危險。加上左慈有一次勸曹操把宰相位子讓給劉備，引起了曹操的殺機，但是左慈穿牆破壁，讓人到處找不著，或在市集看到的所有人都變得像左慈；又或是躲在羊群中，讓每隻羊的姿勢都變成一樣，無法分辨他的位置，最後不知所蹤。所以大的特異功能有時會為自己引來大禍，非常危險。

三國時，另一位有小特異功能的是諸葛亮，他熟讀天文地理且精通奇門遁甲、陰陽八卦，不僅能運籌帷幄、三分天下，大展鴻圖，在赤壁之戰中還借東風打敗了曹操，後來又佈下八卦陣，困住東吳十萬大軍，無一不彰顯其神乎其神的能力。

雖然有人聲稱《三國演義》是小說不是正史，陳壽寫的正史《三國誌》並沒有記載這些事情，但是正史是勝利者寫的，陳壽雖然是蜀國人，但是後來蜀國被滅以後，他在西晉當官，他寫的歷史必須配合西晉的觀點。蜀漢是前朝魏國的敵人，怎麼可以稱讚敵人的智慧及驍勇善戰，因為他們畢竟失敗了，我們才是歷史的勝利者及詮釋者。我是相信民間的詮釋，那才是真正沒有被故意刪除的歷史。

所以綜觀歷史以後的結論是：開發大功能，對功能人本身有危險性；開發小功能，若可運用在功能人的專業領域上，才能運籌帷幄，把專業領域提升一個層次，進入新的境界，對人類文明的提升才有真正的幫助。

就像特斯拉一樣，他有小的特異功能，可以開天眼，在天眼裡設計多相交流馬達，還可以嘗試轉動馬達來測試設計是否正確，結果他所發明的多相交流馬達從此改變了人類的文明，進入了電力的時代，驅除了沒有太陽的黑夜所帶給人類的不便。

特異功能要從小訓練嗎？

小的特異功能既然對人類文明有提升的作用，那一個人到底要從小培養特異功能，像手指識字能力，還是長大了再想辦法？這可以從歷史的經驗尋求解答。

中國大陸在一九七九年首先發現手指識字可以經過短期的訓練開發出來，經過四十年來已有大量的實驗證明，七到十五歲的小孩子有相當大的比例，經過訓練可以開發出手指識字或耳朵聽字的特異功能，但是要維持這個能力卻相當困難，因為需要不間斷的練習，而小朋友一旦升上國中或高中以後，在面對升學的壓力下要持續不斷的練習是相當困難的。我二十五年的特異功能研究經驗發現，只有少數幾位當年開發出手指識字等特異功能的小朋友，長大以後還能把特異功能用到他的專業上。一位是大陸當年「扁鵲工程」所培養的黃姓女士，她具有透視功能，目前在法國當醫師（是西醫師，而非中醫師），她的醫術可以直接看透人體，成就當然遠遠超過她的同儕醫師。

「扁鵲工程」的目的，就是培養小朋友的特異功能，讓他們將來長大以後去學醫，成為像扁鵲一樣的神醫。黃女士的確做到了，但也是我所知大陸唯一成功的一個。

另一位是我培養近二十年的T小姐。她天生具有手指識字功能，靈界有一位師父從小在幫忙指導她，但是最後對她專業上有幫助的能力是可以跟動物溝通，這個能力卻是她在臺灣大學讀大學時出現的第二位師父教導她的，過程離奇有趣，給我很大的啟發。目前她在美國洛杉磯一家獸醫院當獸醫，她的醫術當然遠遠超過她的同僚。

T小姐小的時候有一次去動物園玩，到了猴子的園區，突然聽到一隻猴子向另一隻猴子說：「要不要到我家去玩？」另一隻猴子回答說：「好啊！」只見兩隻猴子手牽手，一跳一跳地回到後面的山洞裡。回家以後，她又聽懂了鳥爸爸在教鳥小孩的一些事情。不過她這個與動物溝通的能力只維持了三個月就消失了，這次的經驗讓她非常的懷念，從此下定決心，長大以後要去做獸醫，替動物解除病痛。

這就像在兩千五百多年前的山東省，就有一位奇特的人物公治長，傳說他能夠聽懂鳥語，並因此獲罪入獄。後來，同樣的也因為他懂鳥語而被無罪釋放，甚至為國家立功。他深受老師孔子的賞識，並最終娶了孔子的女兒為妻。

二〇〇一年九月，T小姐從美國回到臺灣讀大學，她本來想申請就讀臺大獸醫系，但是臺大獸醫系當時不收外國學生，她只好以美國公民身分去讀臺大畜產學系。不過因為回到臺大，我可以每個月跟她進行一次手指識字實驗，到了二〇〇四年六月，她離開臺大回到美國加州大學戴維斯分校繼續完成大學學業時，我已累積了大量的遨遊靈界的數據，這些實驗紀錄都收錄在《靈界的科學》一書中。

T小姐從小就有一位靈界的師父在照顧她、指導她，我們在二〇〇一到二〇〇三年間也經由手指識字實驗與祂對談，詢問宇宙、人類文明、外星人的各種問題，並將答案收錄在《難以置信II：尋訪諸神的網站》一書中。其中有一題就是問祂：「T小姐何時可以恢復與動物溝通的能力？」師父的回答是：「不要急。」當時的我可是急死了，她已經在讀大學了，未來要去美國讀獸醫學院，到底什麼時候才能恢復，聽懂動物的話？

T小姐在靈界的第二位師父於二〇〇四年一月一日以不同凡響的方式闖入我們在臺大電機系的手指識字實驗現場，表明祂的身分，正式收T小姐為徒以後，T小姐開始每日勤練打坐與動物溝通的技術。到了當年底，她已經掌握了初步的技巧，可以和一些動物對談了。

十年以後，二〇一三年T小姐從美國普渡大學獸醫學院畢業，考取執照成為美國加州正式的獸醫師以後，我於二〇一四年三月邀請她到臺大獸醫學院演講，當年拒絕她入學的獸醫系已經升格為獸醫專業學院，她舉出六個案例來說明她治療動物所觀察到現象，包括：狗吞下網球卡在食道，但是X光照不出來，經她問出來後，很快就解決了；貓咳嗽不止，正式檢查卻找不出原因，結果一問之下，發現是家裡給牠玩的玩具，因為整理環境被掃進角落去，導致牠不爽的緣故。接著，動物醫院及同學抱出寵物給T小姐看，其中一隻土撥鼠已經一個星期不吃東西，令主人很擔心，經過T小姐問診後，才知道是土撥鼠嘴巴痛的緣故，因為牠的犬齒被磨短所造成的。

有一位同學帶來家裡的貓，最近每天一直叫，令主人很擔心，結果她一問貓，貓說牠生了三隻小貓，是在教小貓的緣故。主人馬上證實，貓的確是剛生了三隻小貓。這也表示貓有數字三的概念，令人震驚不已。小說中可以聽懂動物說話的杜立德醫生已經橫空出世了，真讓人期待未來獸醫的發展，將呈現什麼樣新的面貌。

開天眼的能力，除了是天生的以外，有時候大難不死或大病不死也會開發出特異功能。

國內有一位大企業家，年輕的時候有一次被閃電擊中，昏死過去半小時，醒來以後出現了開天眼能力，可以預知未來，做生意無往不利，常常作夢的時候像特斯拉一樣，會有很多新觀念、新機器設計出現，經過旗下工程公司驗證以後，馬上申請專利。他雖然在學校從來沒有學過任何工程方面的相關知識，但是所獲得的工程方面的專利超過七百個以上，任何學院派的教授都瞠乎其後。當然最容易開天眼的方法，就是經過打坐及相關訓練，這也彰顯我們訓練方法的重要。

開發現代的諸葛亮或特斯拉

由於最近幾年我從「人體潛能專題」的課程中發現，超過二十歲的成年人也可以開發出耳朵識字的小功能，就像T小姐一樣，二十歲以後才開發出與動物溝通的能力。

因此我提出一項新的看法，直接訓練有專業能力的成年人，開發出天眼能力，我把這項計畫及企圖稱之為「諸葛亮工程」或「特斯拉工程」，也就是開發現代的諸葛亮或特斯拉，利用他們的天眼，提升他的專業領域水準，以進入人類新的文明。

①請參考《靈界的科學》。

②請參考《是特異功能？還是潛能？》。

特斯拉與電力產業

特斯拉在一八七五年十九歲時進入奧地利技術學院電機工程系，念了三年後離開學校，去一家公司當了一年助理工程師。在這段時間，他遭受神經崩潰的困擾，後來在父親勸導下，一八八〇年暑期去布拉格的查理費迪南德大學（Charles-Ferdinand University）就讀，深受物理學家恩斯特・馬赫（Ernst Mach）的影響。

馬赫因研究超音速運動而成名，他大力強調了經驗主義和實證主義在科學研究中的重要性，為科學哲學的發展奠定了基礎。特斯拉深受馬赫的啟發，他的天眼內在經驗可以大大地幫助他做科學實證研究。但不幸的是，他只讀了一學期，就因為父親過世而離開學校，他找到一個工作，是在匈牙利首都布達佩斯的國家電話公司的電報部門工作。他的天才讓他在一年中升為公司主要電機工程師，替國家發展第一個電話系統，也發明了現在叫做麥克風的元件。

一八八二年，特斯拉加入了美國發明家愛迪生在巴黎的分公司，主要業務是推展照明系統，包括了白熾燈及供電系統。當時愛迪生用的是低壓（110V）的直流供電，特斯拉的天才讓上司非常欣賞，於是把他介紹給愛迪生。一八八四年，特斯拉遠渡大西洋到紐約向愛迪生報到，從此留在美國，直到五十九年後一九四三年他過世為止。

特斯拉仰賴他的特異功能，一向自負，碰上頑固權威的愛迪生堅信：「天才是百分之一的靈感，再加上百分之九十九的努力」，兩人的衝突當然是免不了的。特斯拉曾說：「愛迪生如果能多想想，那麼百分之九十的功夫是不必要的。」他以為別人跟他一樣，也可以開天眼在大腦中創造新發明，所以這兩人勢必水火不容。

傳說中，愛迪生曾答應特斯拉，如果他能改善公司的直流發電機，會給他二十五萬美元的獎賞，當時特斯拉的薪水是每星期十八美元。後來，特斯拉認為他成功了，但愛迪生認為他只不過是說笑而已，何必當真？只把特斯拉薪水調升為每星期二十五美元，特斯拉一怒之下就辭職而去。有一年時間就靠在紐約街邊挖地修電線為生。

就在這樣困苦的生活之下，他的天眼傳達了以旋轉磁場為基礎的多相位交流電馬達的概念。他在大腦設計好並運轉成功之後，說服朋友投資並申請了專利，最後也成功地示範了技術。這個突破性的發明很快地被企業家西屋電器公司的創辦人喬治・威斯汀豪斯（George Westinghouse）注意到了，他當時正在使用歐陸發展出來的交流電發電技術照明，與愛迪生直流電技術競爭。

交流電本來就佔有優勢，交流電可以用變壓器先把產生的電壓升高、降低電流作長距離的輸送，減少電線電阻導致的電能損失，到用戶端再把電壓降下來使用，這樣做可以很容易地擴大用戶分布的區域、增加用戶的數目，來降低發電的成本。西屋電器有了特斯拉的高效能交流電馬達技術後，更是如虎添翼，用高效率馬達驅動發電機可以把發電成本降得更低，很快就打敗愛迪生的直流技術獨佔市場，成為電力企業的標準。

一八九五年，西屋公司承建了空前巨大的尼加拉瀑布水力發電廠，十座渦輪機推動的發電機可以發出五萬匹馬力，用變壓器升高到兩萬兩千伏特，運送到四十三公里外的水牛城。

到這一刻，交流電取得了決定性的勝利，特斯拉也因此獲得很大的利潤，可以進行他下一步的宏偉企圖——無線電力傳送。

第二章

無線電力傳送與特斯拉遺失的文件

在特斯拉過世後，曾記錄他創新想法的筆記，
就被美國政府扣押而消失了，
在一九九〇年代，
這些消失的文件突然出現在市面而引發轟動。

隨著時代的進步，他當時的部分想法，
如溫室效應等，已經被現代科學所證實。

電磁波的發現與應用

英國科學家馬克斯威爾（James Clerk Maxwell）於一八六五年發表了他的「電磁場動態理論」，奠定了電磁波的理論基礎，這些電場、磁場互相影響的方程式後來陸續被其他科學家整理成四條方程式，統稱為馬克斯威爾方程式。

在他的方程式中，預測了一種電磁互相激發振動的波動，叫做電磁波，他從方程式用到的物理量，如真空介質係數及磁導係數所計算出來的電磁波的速度，竟然與過去科學上所量到的光速是一樣的，間接證明了光就是一種電磁波。這一石破天驚的發現引發了當時很多科學家的興趣，開始去找頻率比較低的光，也就是眼睛看不見的電磁波。

一八八八年，一位才三十歲的年輕德國教授亨利希・赫茲

（Heinrich Hertz）設計出一套火花間隙放電①的發射器及接收器，用實驗方法證明了電磁波的存在，並展示了發射及接收的方法。自從赫茲發現電磁波以後，歐洲及美國很多有創意的發明家開始探索電磁波的應用，其中比較有名的兩位是義大利的馬可尼及美國的特斯拉。

古列爾莫・馬可尼（Guglielmo Marconi）出身世家，家族擁有龐大的威士忌酒產業，他小時候就對電有很大的興趣，二十歲時對應用電磁波更著了迷，開始用電磁波做無線通訊實驗。後來，他說服父母的支持，帶了他自己設計的無線電通訊設備到倫敦來發展事業。在一九〇一年十二月，他終於成功地把無線電波所攜帶的摩斯密碼，從英國西南部橫跨了大西洋，送到了兩千八百公里外加拿大紐芬蘭島聖約翰鎮的接收站上，從此轟動全世界，展開了長距離無線電波通訊的世紀。

①在電勢差很高的正負帶電區域間出現閃光並發出聲響的瞬時氣體放電現象。

醉心於無線電力傳送的特斯拉

一八八八年，剛到美國幾年的特斯拉知道了赫茲發現電磁波以後，也對電磁波著了迷，開始做研究，不過他走的方向與馬可尼不一樣，不是用在通訊，而是想用來傳播電能，也就是無線傳導電力。當時的電力產業剛剛萌芽，一般家庭開始使用電器，如電燈、電話就不需要大量投資建置有形的電網基礎建設，讓使用電的各種新興產業可以降低成本，也更容易推展。

在今天一百多年後的二十一世紀我們所面對的新科技而言，這個概念仍是具有前瞻性的創意構想。

試想，現代科技中的行動裝置最大的瓶頸就是電池不夠力，當隨身所攜帶的手機或電腦內電池沒有電時，這些裝置如同廢物，呼天不應，叫地不靈，所有資訊都被封鎖在裝置內，無法對外通訊。這時，最需要的就是無線傳播電力的需求，可以直接替電池充電解決困擾。可惜的是，這個問題一百多年來仍然不能解決，也表示特斯拉在沒有理論支持下，過早跳入一個需要百年以上才有希望解決的問題，自然會導致失敗的命運。

一般電力的傳送需要兩條導線，電壓一高一低讓電流從高壓流往低壓，為了安全起見，現代的導線還加了一條接地的線，與電壓較低的導線連在一起，所以插座會有三隻腳，其中粗圓的一隻腳就是接地。

特斯拉應該很早就知道地球可以導電，因此地面可以當作電的接地那一極，但是另外那一極該怎麼辦，是用電磁波送出嗎？他也知道電力要轉換為電磁波的效率並不高，很難做到大量電力的輸送，因此在不建造基礎電網設施之下，就需要以空氣作為通道。他的構想是利用紫外光游離空氣分子，在空氣中打開一條離子導電通道，用高壓放電把電能利用離子通道送出去，而不需要用到一般的電線，並利用地面作為接地回流，他設想用的是低頻交流電，可以傳遞很長的距離。

一八九九年，為實現他的構想，他在美國科羅拉多州溫泉市（Colorado Springs）建立了他的實驗室，從六月一日起開始做實驗，研究在空氣中大規模導電的可能性，我們可從網路上看到他做實驗時的示意圖①，放電現象打穿空氣形成紊亂的閃電。

這個實驗在半年後的一九〇〇年一月七日結束，他也離開科羅拉多州回到紐約，另起爐灶，開始進行真正的無線電力傳送。這一年中，他募集到十五萬美金，在紐約附近蓋了一座巨大電塔，聲稱可以把電力直接從紐約送到法國巴黎。他仿照科羅拉州的實驗，建立了一個橫跨大西洋的沃登克里夫（Wardenclyffe）通訊設備，但是過了三年，沒有做出什麼研究成果，錢也用光了，計畫無疾而終。

二十五年後，一九一五年特斯拉向美國法院提出訴訟，挑戰馬可尼的無線通訊專利，認為他比馬可尼早一年就完成了無線電通訊，但是最後官司打輸了，從此歷史上無線電通訊的功勞就專屬於馬可尼了。

①特斯拉在美國科羅拉多州溫泉市的實驗室研究導電性的示意圖。

①

特斯拉實驗室示意圖

特斯拉線圈的啟示

特斯拉實驗日誌

特斯拉曾經聲稱就在科羅拉多州溫泉市實驗那段期間，他收到了許多來自外星人的信號及信息，引發了後來四十多年圍繞著特斯拉的神奇傳說與故事。他在這半年來的實驗室日誌上面記載了年月日，以及當天所做實驗的詳情，每天或隔幾天就有紀錄，記載得相當詳細，由此可以知道他的進度。

在特斯拉過世後，因為他沒有結婚沒有兒女，由他的姪兒打官司取得了這些日誌及一些專利文件，後來贈送給南斯拉夫政府，被放在首都貝爾格勒後來建成的特斯拉博物館中。當然還有很多文件，像是記錄他創新想法的筆記，就被美國政府扣押而消失了，在五十年後的一九九〇年代，這些消失的文件中有一部分突然出現在市面上而引發轟動。

我記得二〇〇二年下半年，我從臺灣大學休假，回到我念博士的母校——美國史丹福大學電機系進修。那時我正在做手指識字邀遊信息場內不同神靈網站的實驗，也去訪問過具有瞬間科技的不同高等外星文明①。因此對特斯拉在十九世紀末期就收到外星人的信號非常好奇，想知道其中的機緣及詳情。

令我興奮的是，到了史丹福大學不久，我就發現電機系隔壁的物理系圖書館竟然有一本特斯拉當年實驗的日誌，我馬上借出來仔細地讀了一兩個禮拜，以為可以看到特斯拉記錄下來的外星人送來的信號，結果讓我大失所望。整本書都是在記錄特斯拉調整電阻（R）、電感（L）、電容（C）組成電路所導致的不同頻率的電磁震盪現象，相當於現在大學中電機工程系大二的必修課程「電路學」所學習的基本RLC電路。

當然，在十九世紀末期特斯拉的時代，這些電路可是最嶄新、最先進的學問，但是這與收到外星人所送出的信號一點關係都沒有，這些電路中最有名的就是「特斯拉線圈」（Tesla coil），如左圖2-1所示。各位如果上YouTube網站找特斯拉線圈的影片②，可以看到各式各樣不同的線圈，通常兩個線圈工作時，它們互相之間不僅會發出閃電互相接通，還會激發大氣產生音樂，大家可以聽聽看，非常有趣。

特斯拉線圈其實是由左右兩個變壓器串接起來，左邊ＡＣ電源提供交流信號，是點火線圈經變壓器把電壓放大耦合到右邊變壓器主線圈電路。電路裡放了一個可以耐受高電壓的電容器用來儲存電荷，把電壓升高到可以打穿火花間隙（spark gap）的空氣絕緣層而放電，產生ＬＣ電路震盪電流。這交流震盪的電流頻率（f）是由電感（L）及電容（C）所決定的，大約是在幾百赫茲（Hz）到幾十千赫（KHz），屬於可以聽得見聲音的範圍（二十到二萬赫茲）。交流電壓會耦合到最右邊的二次線圈電路，也就是ＲＬＣ電路會串接另一火花間隙。當主線圈與

圖2-1　特斯拉線圈

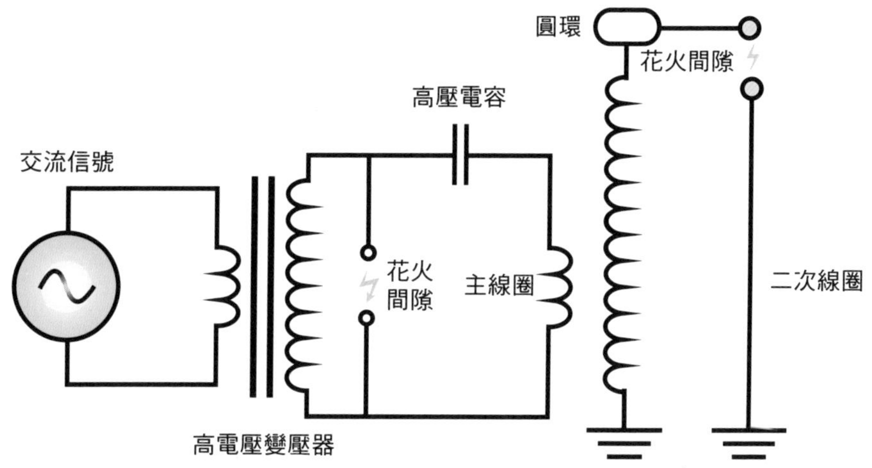

Point !

特斯拉線圈是由左右兩個變壓器串接起來。左邊AC電源提供交流信號，交流電壓會耦合到最右邊的二次線圈電路，串接另一火花間隙。當主線圈與二次線圈的震盪頻率相同時，就會在二次線圈的火花間隙產生高壓，產生閃電現象及音樂。

二次線圈的震盪頻率相同時，就會在二次線圈的火花間隙產生高壓，打破空氣絕緣產生閃電現象及音樂。特斯拉當年在科羅拉多溫泉市的實驗室內，可以產生一億伏特的高電壓，導致打破空氣的絕緣產生紊亂而巨大的閃電現象。

這個高壓線圈放電的現象其實產生了另外一種物理現象——撓場，不過這要到一百多年後的二〇一三年，才由我的學生梁為傑博士從廣義相對論推導出來③，是特斯拉當年不能理解的物理現象。

後來，我又發現了撓場可以穿梭陰陽兩個世界，把靈界的信息及能量帶到物質的實數世界，破解了中國傳統道家的風水與奇門遁甲之謎，這部分我會在第四章詳細介紹。

特斯拉曾收到外星人的無線電信號？

十多年後，二〇一四年我終於從網路上買到了特斯拉的日誌，可以仔細研究他的筆記及後人的加註。

原來在科羅拉多的半年實驗中，特斯拉偶然會從他的線圈接收器收到一組一組重複的脈衝信號，與地球上風暴或雜訊所導致的雜亂信號完全不一樣。這些信號有時是一個、兩個到四個一組尖峰，有規律的信號。特斯拉當年強烈懷疑，這是金星或火星上發出來的有意義信號，他猜測這是當地的外星人嘗試聯絡地球文明的證據。不過，後來科學家認為特斯拉可能是收到了木星上電漿環面所產生的無線電信號。

特斯拉生命中的最後三十年

一九一四年起，特斯拉已經五十八歲了，他慢慢顯現出強迫症的病癥，情形愈來愈嚴重，他癡迷於數字三，比如，要進一棟大樓前，他要先在附近街道走三圈；吃飯時，會要求放一疊三張折好的桌巾在盤子旁邊。那個時代的醫學不了解強迫症，也無法治療，因此有些人認為特斯拉瘋了，這當然也傷害到他殘存的聲譽。他沒有結婚，一個人住在旅館裡，靠的是西屋公司延後付的專利權利金維生。

一九一七年八月，特斯拉建立了世界第一個雷達（radar）原型的功率大小與頻率之間的關係，這個原理協助法國的工程師在一九三四年製造出法國的第一個雷達系統。

一九二〇年代，特斯拉據說與英國政府談判，要製造一個「死光」系統，但最後被特斯拉的政治態度所中止。

最後，特斯拉於一九四三年一月在紐約一家旅館過世，享年八十六歲。那時正是第二次世界大戰期間，他遺留下來的文件資料有幾十箱，除了實驗室日誌及一些專利文件等資料，由他姪兒打官司獲得轉送給南斯拉夫政府以外，其他的文件經當時美國戰爭部聯繫聯邦調查局後，宣布為極機密資料，將兩卡車的資料完全扣押。直到三十年後，才有部分資料突然出現在市面上拍賣。又過了二十幾年，這些資料才被整理成書籍上市，引起轟動。

① 請參考《靈界的科學》第六章。

② 特斯拉線圈激發大氣產生音樂的影片，請見下方QR Code。

③ 參考資料：W. C. Liang and S. C. Lee, 2013, "Vorticity, Gyroscopic Precession, and Spin-curvature Force", Phys. Rev. D. 87, 044024。

②

特斯拉線圈
音樂影片

特斯拉遺失文件中的秘密

一九七六年，一個紐約書商柏奈斯（M. P. Bornes）在新澤西州的紐窩克（Newark）拍賣四箱文件，被戴爾・艾爾扶瑞（Dale Alfrey）以二十五元美金買下。

艾爾扶瑞回家後，稍微瀏覽了這些文件，發現是尼古拉・特斯拉的個人文件，記錄了他的很多想法。那個年代沒有多少人曉得特斯拉是何人，他猜想大概是一個科幻作家的筆記，因為他所讀到內容是如此不可思議，它們不可能是真的。他對這些科幻文件興趣不大，因此把這四箱文件放在地下儲藏室內，想說等他以後有時間的時候再來慢慢讀一遍。

不幸的是，等到他有時間來看時，已經過了二十多年，這些文件在潮濕的地下室內已經嚴重地老化，紙張發黃、墨水退色。他決定把文件內容重新複製，以免來不及挽救，然後他驚奇地發現這些文件透露了科學家特斯拉從小到大的秘密生命歷程，是他死後的傳記從來沒有記載過的內容。

一九九七年暑期，艾爾扶瑞已經讀完了特斯拉的四箱文件，準備開始用電腦掃描文件，儲存到電腦磁碟上。他注意到文件中沒有特斯拉所設計機器的草圖，紀錄也不完整，但是文件裡面有年、月、日的紀錄，只是中間有很多跳頁，因此他相信還有很多特斯拉文件可能被美國政府扣住，或遺忘在某些人家的地下室內。他因此上網發出信息，希望找到更多的特斯拉文件，這很顯然的引發了許多對特斯拉文件有興趣人士的注意，包含準備讓文件消失的團體的注意。

一九九七年九月，某一天艾爾扶瑞的太太及小孩去紐約曼哈頓，他獨自留在家裡做研究，掃描特斯拉文件。當天晚上他接到一通電話，對方自稱是Jay Kowski，對他擁有的文件有興趣，不一會兒電話斷線了，同時他聽到門鈴響了，他去應門時，卻發現門早已打開了。有三個人站在門廊下，三個人穿著一樣的黑色正裝、白襯衫黑領帶，很像殯儀館的辦事員。其中一位好像對他很熟，居然能直接叫出他的名字，希望他不介意讓他們進屋。雖然這個人不斷稱呼他名字，似乎對他很熟，他卻一點也不記得在哪裡看過這個人，於是，他開始擔心這三個人是否為犯罪集團。

那個人繼續跟他說：「我們想買你擁有的老箱子及文件。這些文件不屬於你，對你也沒有用，反而會替你惹上麻煩。」

對此，艾爾扶瑞開始感到恐懼，這三人不是真的要買這些資料，他們是要拿走資料。

那個人繼續用緩慢而清晰的話語告訴他：「不管你做什麼，都擋不住我們拿走你的資料，你和你的家人最好把我們所需要的東西給我，否則人們會因此而失蹤的。」這個人直接站在艾爾扶瑞面前，用他冷靜而漆黑的眼珠凝視他，讓他一動也不能動，也無法說話。這時，三人突然一起轉身快步跑出門廊，消失於夜色中。

過一會兒，艾爾扶瑞從呆滯中突然驚醒，衝出門去找那三人，結果院子裡既沒有他們的汽車，外面的大街也是一片寂靜，三個人就如此消失了。他急忙衝回房間工作室，結果發現放置特斯拉日誌及文件的四個箱子、儲存資料的磁碟全部都消失了，電腦的硬碟資料也全部被刪除了，連他多年來所收集的特斯拉相關雜誌資料也被一掃而空。顯然那三個在門口的人只是誘餌，是為了把他調離工作室，其他人進了工作室，偷走了所有資料。

艾爾扶瑞在幾個月後才恢復正常，他開始憑著過去研究的記憶，一點一滴地把他所記得的資料記錄下來，成為後來幾本書的題材，例如，Tim Swartz所著的《The Lost Journals of Nicolas Tesla》。

在這些文件中，特斯拉曾提到他發明的特斯拉線圈可以接收到外星人傳來的訊息，如前面所描述的是有規律的脈衝信號，而非地球的雜訊，甚至到後來，他可以聽到傳來的聲音告訴他，地球的溫度度由於人造的汙染物進入大氣正在上升，最後會溶解北極的冰層，導致海水上升，淹沒沿岸的城市如紐約，這就是一百年後二十世紀末大家所知道的大氣溫室效應。

這些警告也激發特斯拉去設想發明一種不用化石能源的能量，可以降低大氣的汙染程度。因此，在一八九〇年代，他聲稱設計出一種馬達，不用汽油，但可以驅動汽車，這部馬達可以不用輸入能源，而直接用汽車產生的電去操作和驅動汽車，違反了「能量不滅定律」。後來很多人嘗試仿照，並申請美國專利，但因為不能說明能量來源，而被專利局拒絕。

另外，他逐漸懷疑外星人不但存在，也想來地球，因此他要發展死光武器以對抗外星人入侵，以避免人類被毀滅；他也曾提出反重力與飛碟的概念，如何用電力製造反重力……他的種種觀念遠遠超前他的時代所能接受，而且他並沒有留下實體完成的機器，如真空取能的馬達或死光武器來驗證他的觀點，因此這些想法很多被世人視為科幻故事，並不當真。

不過，隨著時代的進步，他的溫室效應想法已經被現代科學所證實，其他如真空中存有巨大的零點能量（zero-point energy）①，也被量子力學所預測，從真空零點能量取能的馬達，也有少數一些專利及案例，我有親自參與，知道真空取能是可以做到的事實。只不過要用到時空扭曲撓場的特性，這是特斯拉所來不及知道的物理。

至於與外星人通信的故事，我在《靈界的科學》第六章有詳細的介紹，更提出考古學的證據，證明天鵝座的外星人在五千年到六千年前就來過地球，可以說特斯拉所記錄下來的種種令當時人們不可思議的想法，有些已經逐漸被證實是正確的，有些還要等未來的研究成果來證實。而這些想法中，牽涉到一種物理的力場——「撓場」，是特斯拉時代所不理解的現象，也是本書所要描述的重點，看看撓場有什麼神奇的特性，可以解答特斯拉的部分秘密。

與外星人語音通訊

在特斯拉遺失的文件中，提到他一八九九年在科羅拉多溫泉市的實驗中，他設計的接收線圈有時會收到有規律的脈衝信號，與地球上風暴或雜訊截然的不同，讓他懷疑是外星智慧生物送出來接觸人類的電磁波信號。但是後來愈來愈多的文件卻記錄特斯拉收到了外星人的語音通信，告知他地球暖化的趨勢，這一點卻是有必要詳細的分析，到底是怎麼回事？

如果語音通訊是經過特斯拉的線圈收到的電磁波的話，就產生了一個技術上的難題，通訊需要有雙方共同接受的編碼方法，才能上傳信號及下載解碼。外星人在那個時代不可能與人類有共同商訂的編碼方式，但是先進的外星文明卻可以用意識直接與其他意識溝通，沒有語言、文字上的溝通障礙。

因此，我相信這是特斯拉天眼中所接觸到的靈或外星人直接告訴他的，與線圈收到的電磁脈衝是沒有關係的；而能夠有先進科學知識的意識，不會是傳統的高靈。根據我多年特異功能實驗的結果判斷，應該是高等文明的外星人，直接經由天眼告知特斯拉的。

從環境中擷取自由能量

在特斯拉年輕的時候，他一八八三年在巴黎工作時，就在思考如何從環境中抽取能量來工作。他讀到了英國熱力學大師凱爾文爵士（Lord Kelvin）的判斷，不可能建立一個熱力機制從環境中抽取熱量來做功。於是他想了一個方法，可以用很長的金屬線從地球伸向太空，由於太空比地球冷，溫度之差會引起電流從熱端流向冷端，他就可以利用地球熱能創造出電流來做功，直到地球冷卻到與太空溫度一樣才會停止。

不過，由於接著幾年他忙碌於把自己發明的多相發電機及馬達用於電力事業，直到一八八九年，他才有時間來思考如何抽取環境的能量。

當時有不少專利也聲稱可以做到同樣的事情，其能量的來源有的是來自太陽光轉換為電能，現在這種轉換器叫做太陽電池，有的專利是取自太空中的輻射能如宇宙射線等不同的能量。

特斯拉想的是不同的方法。一八九三年，他申請了一個電磁線圈（coil for electro-magnets）的專利用來抽取環境的能量。這個線圈設計非常特殊，不像一般線圈是一條電線繞著圓形長管纏繞，這個線圈是用兩條電線並排繞著圓管纏繞，其中一條電線的尾端連接另一條電線的起始端，因此兩條電線的電流是大小相同、方向相反。他聲稱這種設計可以儲存比較大的能量，但是沒有說明其物理的原理。

對我們做撓場研究的人來說，一看就知道這種設計其實是一種撓場產生器的結構，電流流經線圈產生的磁場會引發時空扭曲的撓場，撓場可以穿入虛數空間，把裡面所儲存的能量帶出到實數空間，讓一個發電機產生的能量大於輸入的能量，因此這種發電機是不需要用燃料的。

能量不滅定律只適用於實數的物質世界，當有虛數世界的能量注入，當然可以打破實數世界的能量不滅，但是兩個世界加總後的能量不滅定律仍然成立。

下一章，我們將開始介紹水晶氣場，也就是撓場的物理特性，各種吸引子的穿透性質及氣導現象。我們會證明撓場可以穿梭陰陽界，能把虛數時空裡靈界的能量投射到實數時空，而產生放大的現象。

①指真空中其實仍有能量存在。

第三章

特斯拉所來不及知道的「撓場」

撓場所產生之力，比萬有引力還弱，卻是神奇的力量。

它原屬廣義相對論的一部分，
但當年被愛因斯坦忽略，
直到一九二〇年代被法國物理學家卡坦所加入，
補充成更完整的相對論。
一九六〇年代以後，
被俄國科學家所重視而高度發展。

「撓場」名詞的出現

一九九〇年從神奇的氣功觀察到「外氣」

我自己一九七〇年代在美國史丹福大學念電機工程博士的時候，所研究的主題是半導體材料及元件，必須要熟悉量子力學、近代物理、固態物理及半導體元件物理。一九八二年我回到臺大電機系任教的時候，也開這些課程給同學修習，努力多收集相關書籍資料以編寫上課講義，對相關理論非常熟悉。自己也寫了一本中文教科書《半導體元件物理》，曾獲得過第二十屆金鼎獎，對這些物理知識運用自如。

到了一九八七年，為響應國科會當時主委陳履安先生之號召，我參加了國科會主導的氣功研究計畫。當時我就對氣功的外氣非常好奇，但是要到了一九九〇年，才有機會與國科會所邀請的李師父做氣功的外氣實驗。他用手掌對十五公分外的封閉試管發殺氣兩到五分鐘，結果裡面培養的纖維細胞竟然染色體紛紛斷裂，蛋白質合成速率下降了百分之四十。這讓我百思不得其解，外氣裡含有震波或紫外線嗎？要不然能量怎麼能夠去打斷染色體？可是紫外線也會讓師父的手掌受傷啊，但是師父手掌毫髮未傷，而且長波長的震波要傷到微米級的分子也是太困難了。那外氣的物理本質到底是什麼？是萬有引力、電磁力、強作用力、弱作用力之外的第五種力場嗎？就我當時的物理知識而言是一籌莫展、完全沒有概念，就只能把疑問放在心裡，等待機緣去了解。

一九九九年發現信息場（靈界）

我從一九九三年開始從事手指識字及念力等人體特異功能研究，培訓出幾位功能不錯的青少年，如T小姐、王小妹妹等可以從事相當深入的手指識字現象研究[①]。並自一九九六到二〇〇〇年與大陸中國地質大學人體科學研究所的沈今川教授和功能人孫儲琳女士展開多年的念力實驗合作，例如讓死亡的花生在三十六分鐘內起死回生，返生發芽二・八公分[②]。

一九九九年，臺灣物理學會會長帶著十多位物理學及心理學教授到我實驗室驗證手指識字現象時，我認識了國家同步輻射中心的陳博士，他也是第一個用「佛」字去測試T小姐手指識字而發現異象的科學家。由此，我們共同發現除了我們所熟知的四度時空的物質宇宙外，還有另外一個充滿意識的信息場（靈界）的存在，裡面滿布各種高智能意識及信息網站，各種宗教都有祂們自己的信息網站，內容豐富多采多姿。

原來物質世界之外，還存在一個靈界，是意識的世界，前者是硬體後者是軟體，軟硬合一才組成一個完整的生命。

當時，陳博士考慮要找出一種物理工具來跟靈界的神靈或師父溝通，把靈界納入現代物理的範疇來研究。問題是，有什麼物理工具可以跟靈界溝通？他從網站中找到一些資訊，認為用強大的水晶氣場就有可能打通兩個世界的障礙，與另外一個世界通訊。

陳博士當時在國家實驗研究院的同步輻射中心服務，擅長製作精密設備。從二〇〇〇年起，他做了各種水晶氣場產生器及氣場偵測器，想要量出這些氣場的強弱及形狀，可是這些磁場、超導或電子偵測器怎麼設計都量不到氣的信號。T小姐有特異功能，手掌對氣場敏感，可以感覺出水晶氣場的強度及形狀。因此，她成為我們實驗水晶氣場物理性質最好的偵測器。但是因為人的感覺只能憑主觀的比較，而無法做客觀的定量，因此結果只能當作定性的參考，指出一條研究的方向，未來做出偵測器能實際測量到信號時，可以迅速地予以驗證。

二〇〇四年撓場突然現身

二〇〇四年一月，我與漢聲出版社總編輯吳美雲女士到北京去訪問中國地質大學人體科學研究所的沈今川教授及孫儲琳女士，共同以對話錄的方式出書，討論兩位過去二十年所作的種種不可思議的特異功能的歷史與成果，供世人參考。我與沈教授及孫女士之間的合作之前已於二〇〇〇年終止，多年未見，沈教授一見面就給了我兩篇文章，作者是北京航空航天大學江興流教授，介紹前蘇聯過去五十年所研究的一個領域——「撓場」。天啊！這個名詞我聽都沒有聽過，不知道是什麼東西。我們白天對談，錄下談話，晚上休息。我就利用晚上抽空把文章讀了一下，沒想到越讀越震驚、越讀越興奮，迫不及待連讀了四、五遍，好像一個新世界在我面前打開。

原來撓場並不是新的觀念，早在一九一五年愛因斯坦提出「廣義相對論」，認為時間、空間的幾何性質是由物體的能量、動量所決定，而質量的存在會造成時空的彎曲（curvature）；但是他為了簡化數學，把時空的扭曲也就是撓場（torsion field）省略為零，因此廣義相對論是一個無撓的重力理論。如果時空的彎曲等效於產生萬有引力，那麼時空的扭曲（如七十六頁圖3-1所示）當然等效於產生扭力，但是這個力場被愛因斯坦給丟掉了。一九二二年，法國的數學物理學家卡坦（Élie Joseph Cartan）把帶有時空的撓率（撓場）的自旋角動量加入廣義相對論，補充成更完整的相對論，但是並沒有受到應有的重視。

俄國科學家自一九六〇年代起，對撓場做了深入的理論與實驗研究，得出撓場的幾個重要物理性質：

❶ 撓場是時空的扭曲，與引力場是時空的彎曲相似，它不會被任何自然物質所屏蔽。比如，兩物體之間有一堵牆，並不會屏蔽引力，應該也不會屏蔽撓場。因此它在自然物質中傳播時，不會損失能量，但會被散射，它的作用只會改變物質的自旋狀態。

❷ 撓場在四度時空的傳遞，不受光錐的限制，也就是它速度超過光速，不但能傳向未來，也能傳向過去。

❸ 撓場源被移走以後，在該地仍保留著空間自旋結構，也就是撓場有殘留效應。

圖3-1　物體自旋導致時空扭曲——撓場

撓場是時空的扭曲，與引力場是時空的彎曲相似，它不會被任何自然物質所屏蔽。

俄國科學家所描述的這些撓場物理性質，竟然與我們做了三年所了解的水晶氣場完全一樣。我馬上就了解到，水晶氣場就是撓場，第五種力場顯身了，剩下的就是設計實驗來證實了。

屬於廣義相對論的撓場名不見經傳，卻是最神奇的力場，會帶出靈界的能量。

①請參考《靈界的科學》。
②請參考《是特異功能？還是潛能？》。

水晶氣場就是撓場

我在二〇一六年寫了《科學氣功》一書出版，對於一個人練氣功時身體的生理現象做了大量統計，並予以分類成「共振態」與「入定態」兩類，與大腦中的 α 波有密切關係。

我們發現，練功時腦 α 波會大幅增加的情況叫「共振態」，是腦 α 波與身體經絡穴道產生共振的現象；練功時腦 α 波被抑制消失的情況叫「入定態」。我們也找出了如何用「快速打數」的方法，在幾分鐘內激發腦 α 波與身體經絡穴道共振，產生「氣集丹田」或「氣走任脈」的效果。至於，氣功中最令人困惑的「外氣」或水晶的「氣場」等，屬於物理性的「氣場」到底是什麼物理現象？

我在《科學氣功》第三章中做了介紹，提供兩套實驗數據作為比較來確認水晶氣場就是撓場。

第一套實驗方法，是用前蘇聯哈薩克共和國工程師Sphilman所設計的撓場產生器，以撓場照射去離子水三分鐘後，用核磁共振儀（NMR）測量水分子團大小變化的數據，來探討撓場穿越不同障礙物體所受到的影響（如八十頁圖3-2所示）。

第二套實驗是讓水晶氣場通過一個阻隔物，例如金屬、紙、玻璃、半導體等各種不同物質，讓T小姐感應，看看氣場強度與形狀在有阻隔物存在下與沒有時所產生的變化。

很快的，我們就發現鋁箔或兩公分厚的鋁板擋不住氣場。氣場穿越而過完全不受影響，表示氣場不含電磁波，否則會被鋁板嚴重衰減，含有鐵原子的不鏽鋼（無磁性）或金屬鉬則會把氣場從靜態的小圓點變成刺刺的動態氣場。

最不可思議的是，一張紙通常不會遮蔽氣場，但是紙沾了水後濕濕的，就會把氣場完全吸收。正符合了晉朝郭璞所說「氣，界水則止」。

圖3-2　撓場照水的實驗裝置

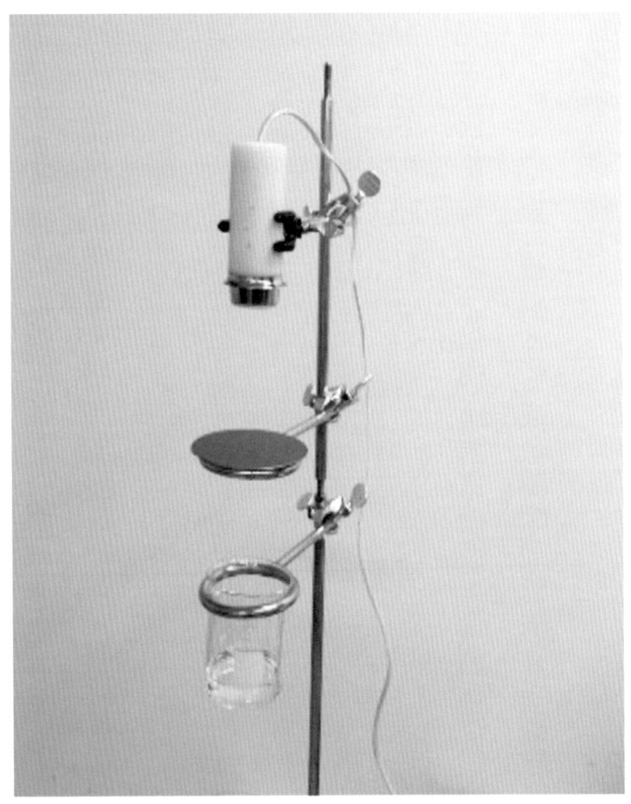

用撓場產生器，以撓場照射去離子水3分鐘後，用核磁共振儀（NMR）測量水分子團大小變化的數據，來探討撓場穿越不同物體所受到的影響。

若把一個風扇葉片拆掉，然後插電旋轉，把水晶氣場從旋轉軸中心照射出去，結果氣場會散開變得很長，也符合郭璞所說「氣，遇風則散」。初步的實驗，就證實了古人對氣的描述。

從撓場照水的實驗，我們也發現同樣的現象，沾水濕透的濾紙可以阻隔撓場的通過，兩公分厚的鋁板對撓場毫無作用，不鏽鋼或金屬鉬都會影響撓場通過，造成水分子團一樣的變化。

由於兩套實驗看到相同的穿透物體行為，因此我們判定水晶的氣場就是廣義相對論中所發現的撓場，是時空扭曲所產生的力場。

俄國撓場研究的兩條路線——Sphilman vs. Akimov

Sphilman的撓場研究路線

二〇〇四年，我從網站上找到前蘇聯哈薩克共和國工程師Sphilman，買了他設計的撓場產生器，如左圖3-3所示，包括正面、側面照片及核心的環形磁鐵，並開始了撓場照射水的實驗，慢慢地逐步瞭解撓場產生器的原理。我在二〇一六年所寫的《科學氣功》一書也是基於這種撓場產生器所做出的實驗結果。

撓場產生器最關鍵的中心部分是鎳錳鐵環形磁鐵，沿著環型磁鐵中心方向繞了一圈磁化，如左圖3-3(c)所示，由上往下看磁場H是逆時針

圖3-3　撓場產生器

（a）正面

（b）側面

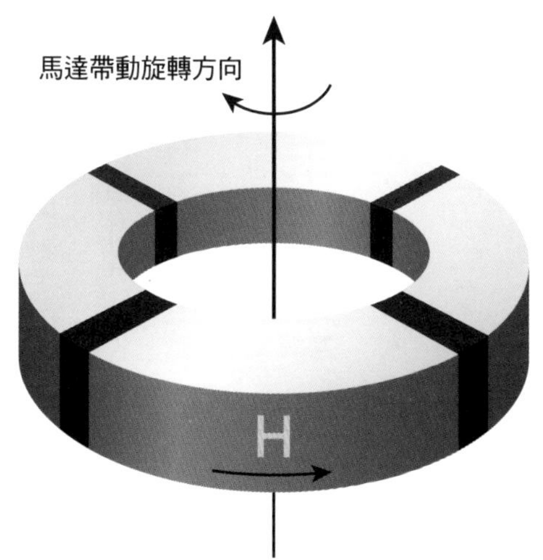

（c）內部環形磁鐵

Point !

撓場產生器最關鍵的中心部分是鎳錳鐵環形磁鐵，沿著環型磁鐵中心方向繞了一圈磁化，由上往下看磁場H是逆時針方向。

方向。如果磁環是由光碟機馬達帶動順時針方向旋轉，如上頁圖3-3(c)所示與磁場方向相反，稱為右旋撓場，如果是逆時針方向旋轉，與磁場方向相同，稱為左旋撓場。這塊旋轉的磁鐵在中心軸方向產生撓場的物理原理由我的學生梁為傑博士從愛因斯坦與卡坦的廣義相對論推導出來，二〇一三年初發表在國際著名的物理期刊《Physical Review D》，列在本書第二章的參考資料中（請見五十七頁）。

這篇論文的重點是證明電子的自旋角動量如果與電子本身所做的大旋轉軌道耦合就會產生可傳播的撓場，在原子物理中有一個很有名的「自旋與軌道交互作用」（spin-orbit interaction）就是考慮電磁場在電子自旋與大旋轉軌道耦合的效應。但是傳統教科書不考慮廣義相對論，因此都不知道這種交互作用還會產生另一個場，叫作撓場。

從直觀來看，是磁鐵中局部的磁性分子的自旋都排列整齊沿著磁鐵中心形成一個大圓圈，根據我在《靈界的科學》第四章「一物兩象」論述中，假設粒子的自旋是陰陽兩個世界的通道，可造成實數時空的微破洞，這些微破洞在環型磁鐵中心連起來會形成一個圓形破洞。當磁鐵以每分鐘三千轉以上的速度快速旋轉時，圓形微破洞撕裂的時空會扭轉附近時空跟著旋轉，形成一根軸向的扭曲時空之劍，影響可以長達兩到三公尺，經絡敏感型的功能人用手掌可以感受得到撓場所造成的刺痛。所以十多年的理論及實驗研究，讓我確信電子自旋耦合到電子的大軌道旋轉撕裂時空是產生撓場的最基本物理。

見到Sphilman本人的感想

二〇一八年十月，我受邀去河北省廊坊市（一座位於北京與天津中間的城市）參加能量醫學與生命健康國際論壇會議，在會議上我第一次見到了撓場產生器的製造者——哈薩克的Sphilman。

他本人年紀已經很大了，很可惜的是，他只說俄文，不會講英文，只能通過翻譯溝通。原來他們古早一派的撓場研究者，都是俄國早年撓場研究代表性的人物柯易瑞夫博士（N.A. Kozyrev）的門徒。

柯易瑞夫認為，一個粒子的不變量通常都會伴隨著物理場，比如，粒子的「質量」固定會伴隨著「萬有引力場」，「電荷」固定會伴隨著「電磁場」，因此「自旋」固定也應該伴隨著「自旋場」，也就是「撓場」。但是當撓場靜止時，它的強度正比於萬有引力常數G乘以普蘭克常數h，因此比萬有引力還弱10^{27}倍。萬有引力已經是最弱的力量，比萬有引力還要弱10^{27}倍的撓場很難測量。

但是電子及原子核的自旋所伴隨的撓場會聚合成整個原子的撓場。分子中不同原子的撓場又會聚合成分子的撓場。固體中所有原子撓場的合成會形成固體的撓場。因此撓場雖然很弱，但是每個物體包括你我、用具、物品等，都有一個時空的大撓場結構，與物體的體積相當。

大部分狀況下，原子與原子間的撓場相位沒有一定的關係，大量原子的撓場會互相抵銷，不會產生宏觀的撓場，因此雖有撓場相隨，但是測量不出來也很難感覺到，因此他認為他所製造的產生器所發出的場，他自己都可以感覺得到力量很強，不能叫做「撓場」，應該要叫做「軸場」（Axial field），是中心軸方向產生的場。

我告訴他，我們的理論已經從廣義相對論證明電子自旋角動量加上大軌道轉動可以發出撓場，就是他發明的設備所產生的場。因為會撕裂時空所以力道很強，而且照射水的實驗也表明撓場很強，不是他們以前所認定的微弱的撓場。

從Sphilman的認知及反應，我深刻地感受到每個撓場專家受到過去經驗及想法的侷限，看法有很大的不同。

Akimov的撓場研究路線

我在二〇〇四年就注意到俄國的撓場產生器不只一種，除了Sphilman 的旋轉磁鐵撓場產生器外，另外還有一種是俄國自然科學院院士 A.E. Arkimov 所設計的電磁震盪電路的撓場產生器，它比較簡單、有固定的磁鐵，但是沒有旋轉磁鐵的部分，如九十一頁圖3-4所示的外觀及內部線路照片。這也讓我懷疑，難道撓場有不同的種類嗎？

二〇一六年，我完成用Sphilman撓場產生器照水的複雜而冗長三年的實驗，證明撓場與水晶氣場性質相同以後，寫了《科學氣功》一書，把實驗數據在書上公布。我認為，撓場已經確定了要用電子自旋加上大範圍高速旋轉撕裂時空來產生，Sphilman的路線是正確的。

二〇一七年，我有機會去北京開研討會討論撓場的種種物理性質，一位年輕的工程師高鵬跟隨中國地質大學人體科學研究所沈今川所長，合作多年研製各種電子設備產生撓場及偵測撓場，他告訴我一個驚人消息，他說俄國每年都會開撓場的國際會議，召集主要是前蘇聯作撓場科學研究的專家來討論撓場研究的進展。他去參加過，發現每次都是一樣，分成兩派吵成一團，吵了幾十年了。

他屬於Akimov那一派，因為設計電子電路對他相對簡單，他很快就可以自己做出來。他也用Akimov撓場發射器與紐約市立大學的Mark

Krinker教授做了從北京到紐約遠距通訊幾千公里的實驗，兩人都用同一張照片作為撓場發射起始位址，以及接收撓場的定位器之用，並在研討會發表他們成功收到信號的結果。

我當時感覺有點震驚，如果這是真的話，難道產生撓場不需要撕裂時空嗎？還是有一個新的我不知道的原理在作用？

這讓我產生了一些危機感，這裡面顯然有些撓場的物理性質我還沒有完全搞清楚，不過我也知道這篇論文如果屬實的話，可能是人類用撓場通信的第一次實驗，與馬可尼用電磁波第一次橫越大西洋通訊一樣，是個不得了的成就。雖然電磁波早就在一九〇一年就可以做到同樣的事，但是撓場通訊可以是星際通訊的工具，未來將遠遠超過電磁波受限於光速的能力，這點我們在第五章會有比較詳細的討論。

Akimov撓場產生器與特斯拉線圈相似

左圖3-4(a)、3-4(b)展示了Akimov撓場產生器的外觀及內部電路圖，主要包含一個靜止的磁鐵，磁場向上進入一電感器（L），與電容（C）串聯耦合形成RLC震盪電路，和前面第二章所介紹的特斯拉線圈構造的第二線圈有幾分相似性。

二〇一九年四月，有一天我正在思考同類療法的製劑，為何含病毒的水溶液，每次稀釋成十分之一濃度，不斷稀釋十幾二十次後，在地磁〇・五高斯磁場的作用下，溶液竟然會產生幾十到幾百赫茲的無線電波，然後病毒的信息就會留在水中以供同類療法使用，可以作為信息水之用來治病①。

無線電波的產生一定跟水溶液中的離子繞著磁場旋轉有關，而旋轉的頻率決定了放出電磁波的頻率。突然之間靈光一閃，我意識到磁場會對電子或離子作兩件事情：

圖3-4　Akimov撓場產生器

（a）Akimov 撓場產生器外觀

（b）打開錐形銅罩的內部電路結構

(a)、(b)圖是Akimov撓場產生器的外觀和內裝，主要包含一個靜止的磁鐵，磁場向上進入一個電感器，與電容串聯耦合形成RLC震盪電路，與特斯拉線圈的構造有幾分相似性。

如左圖3-5所示，第一，電子（或離子）的紅色自旋磁矩也就是自旋角動量Sp的相反方向會朝磁場方向傾斜或排齊；第二，電子會沿著磁場垂直方向旋轉，也就是繞著磁場以一定頻率旋轉，如果旋轉頻率與磁場頻率一樣就會產生迴旋共振，磁場能量會大量轉移給電子。這個電子的運動不就是梁為傑博士理論推導出來撓場產生的機制嗎？因為電子的自旋角動量加上大範圍的軌道旋轉運動就可以產生撓場。

我恍然大悟，原來一個螺旋的導電線圈，也就是一個普通的電感器，經過好好的設計就可以作成一個撓場產生器，電流在線圈內快速旋轉流動，不斷沿線圈中心產生磁場，讓流動的電子自旋排齊。如果在線圈中間加上磁鐵效果更好，這些電子的自旋角動量會在實數時空切出無數的整齊微洞通道，再加上快速繞線圈旋轉，撕裂出大塊時空破洞，這就是撓場。

我鬆了一大口氣，原來Arkimov 撓場產生器的原理與Sphilman 撓場產生器的原理完全一樣，都是自旋排列整齊的電子作大軌道的快速旋轉

圖3-5　磁場對電子或離子的影響

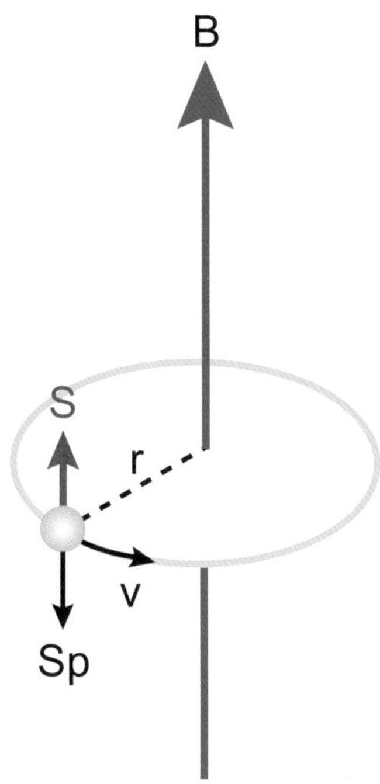

Point !

電子在磁場B下，以速度v旋轉運動，注意紅色箭頭S是電子自旋磁矩，與磁場排齊，黑色箭頭Sp向下為自旋角動量，耦合軌道旋轉產生撓場。

運動所產生，兩者原理獲得統一，不再有任何矛盾。

這也讓我們想到特斯拉當年設計的線圈。一八九三年，他申請了一個電磁線圈的專利用來抽取環境的能量，基本上就是一個撓場產生器，可以產生撓場發射出去，穿梭陰陽界抽取靈界的能量，灌注入實數世界的發電機內，造成物質世界能量不滅定律的崩潰，因而被崇尚唯物論的現代科學所排斥。

①請參考《科學氣功》第四章，有關南氏去過敏療法的內容。

水晶氣場的神奇特性

水晶本身帶有氣場，是一般經絡敏感型的人都能感覺出來，主要原因是水晶的晶體結構是三方晶系結構（如九十六頁圖3-6所示），具有三條螺旋（不同顏色四面體）互相纏繞而成。每一個有顏色的正四面體是SiO_4小晶體，矽原子（Si）在中心，氧原子（O）在四個角落，整個石英晶體原子平均下來是二氧化矽晶體（SiO_2）。這種螺旋規則的結構就有可能產生宏觀的撓場。不過水晶本身產生的氣場很弱，很難用來做實驗，必須予以加強。

實驗製作人選用氣場很強但是散亂的捷克隕石作為源頭，固定在削成十二面體的水晶尖柱頂較粗的一端，如九十九頁圖3-7(a)。氣場經過水晶分子的螺旋結構會調變聚焦形成一束圓柱狀的渦漩時空結構可射出

圖3-6 水晶的結構

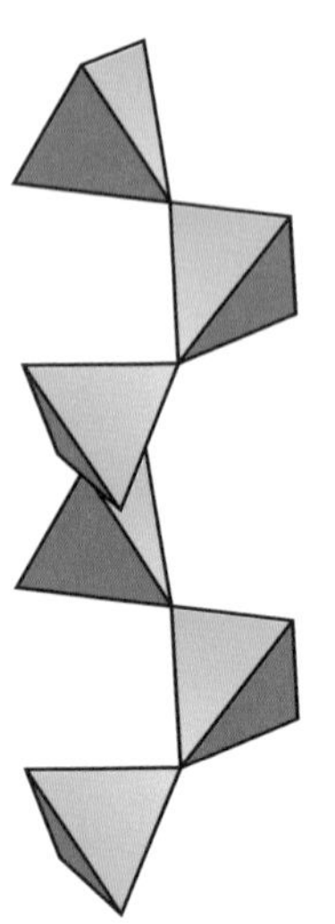

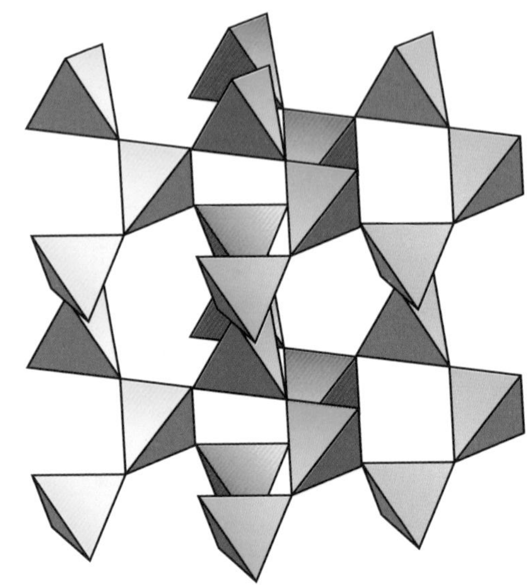

Point !

水晶的結構是三方晶系，具有三條螺旋（不同顏色四面體）互相纏繞而成。每一個有顏色的正四面體是SiO_4，矽原子在中心，氧原子在四個角落，整個石英晶體原子平均下來是二氧化矽晶體SiO_2。這種螺旋結構就有可能產生宏觀的撓場。

晶體，被敏感的功能人感知到一個小圓點。

隕石為什麼會產生散亂氣場呢？這也是與粒子自旋有關。因隕石內部有磁性原子散亂的排列，在磁場互相抵銷下而無法產生外面量得到的磁場，但是磁性原子的內部電子自旋排列整齊，過大的自旋角動量會撕裂時空形成渦漩的撓場，也就是形成散亂的氣場。我們在《科學氣功》一書第三章展示過大量撓場照水後水分子的核磁共振數據，已經推論出水晶氣場就是撓場，這裡不再重複。以下要展示的是，水晶氣場的一些神奇的特性。

佛字對水晶氣場的吸引與放大

水晶氣場還有什麼有趣的物理性質嗎？這就要靠具有手指識字功能的T小姐來感應。

首先我們需要一個水晶氣場產生器，這是由同步輻射中心陳博士所提供，他使用一粒捷克隕石作為氣場發射源，用黑色膠帶固定在切削成十二面錐狀水晶柱的後方，如左圖 3-7 (a) 所示。此水晶柱可以把捷克隕石發出的氣聚焦，像雷射一樣射出，氣束的直徑約為水晶錐口的大小為五毫米（mm）。

實驗時，水晶氣場產生器以水平方向，架在支撐架上，T小姐戴上不透光的眼罩，以右手掌距離產生器約三十公分遠處，先感覺氣場的形狀及強弱，然後主試者將遮蔽物放入擋住水晶氣場，如左圖 3-7 (b) 所示。T小姐會說出氣場強弱及形狀的變化，有時感應若不確定，就會重複實驗數次。

為驗證T小姐對氣場強弱變化的精準度，比如，氣場穿過某一種物體的強度從十減弱為六，我們在做了很多次實驗後，會再隨機把同樣物體重測一遍，不讓T小姐知道，直到結果一樣才能確認。

根據T小姐的感應，水晶產生器的圓柱型氣場約有九十公分長，在九十公分內的氣場強度很均勻。

圖3-7　水晶氣場實驗工具與方式

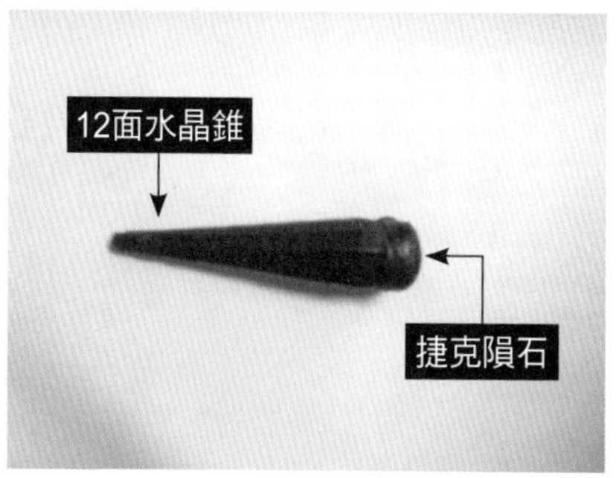

(a)圖是水晶氣場產生器，右端為捷克隕石，左為12面水晶柱，用黑膠帶纏繞固定。(b) 圖是T小姐蒙眼用手掌感覺氣場。

（a）水晶氣場產生器

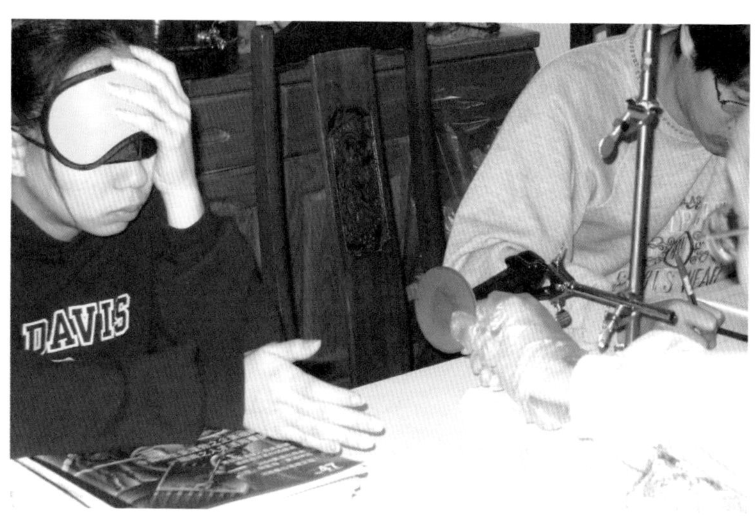

（b）T 小姐蒙眼用手掌感覺氣場

T小姐過去在做手指識字實驗時，發現某些宗教上的字彙像是佛、觀音、菩薩、耶穌等字彙，會使她在大腦第三眼看到異像，例如亮光、亮人、十字架、聽到笑聲，我們稱之為「神聖字彙」。

我們發現水晶氣場穿過白紙，或穿過紙上寫的普通字，都不會受到影響，可直穿而過，強度也沒有減弱。但是當水晶氣場穿過神聖字彙如「佛」字時，則會變成大圓，如左圖3-8 (a)、3-8 (b) 所示，甚至感受到溫溫的，表示能量變強、範圍變大。

我們在佛字周圍移動水晶作氣場測試，發現在佛字四周，距離佛字一個字大小範圍內，都有同樣的效應，能感受到氣場變成大圓、變強。也就是說，我們可以定義出佛字的捕氣橫截面，氣場只要通過此橫截面，就會被佛字捕捉住，產生同樣的效應，這個原因到了第四章內我會清楚的說明。

圖3-8　水晶氣場穿過佛字後的變化

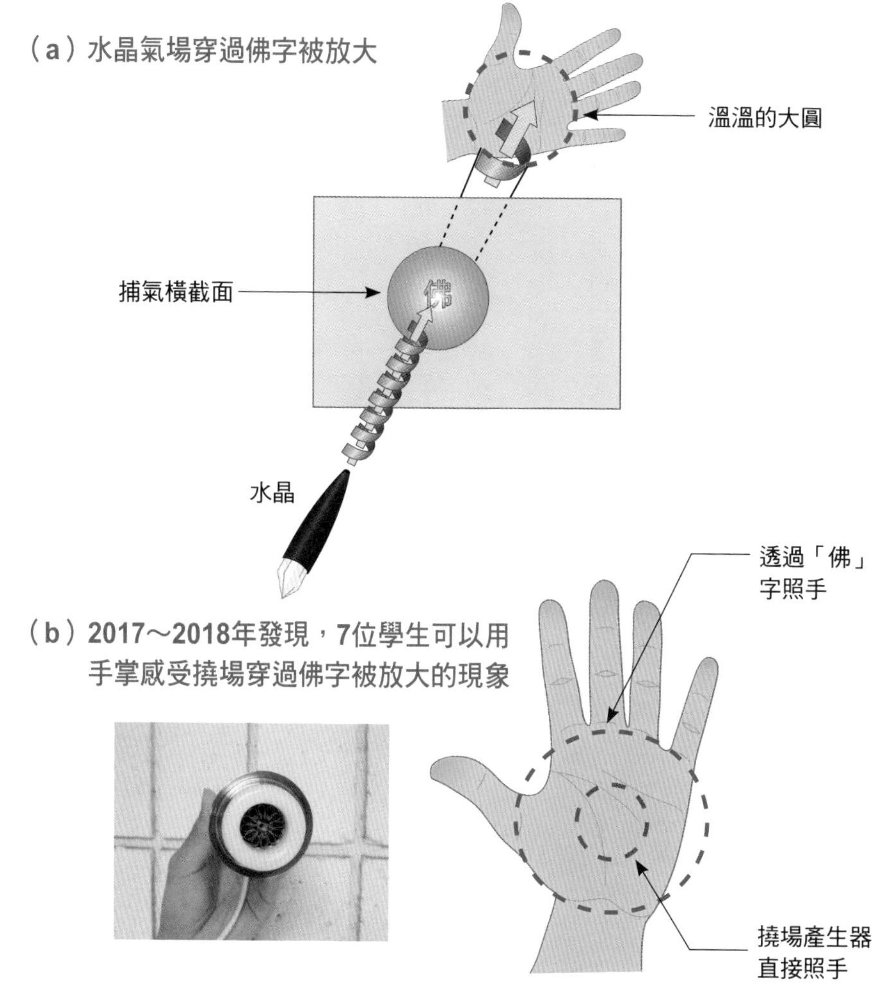

(a)圖是當水晶氣場穿過神聖字彙如「佛」字時，則會變成溫溫的大圓。(b)圖是用撓場產生器直接照手時，會感覺到紅色圈位置的麻感；用佛字照手時，麻感會擴大成藍色圈。若用水沾濕的紙擋住撓場，則感覺變弱或消失。

這個放大效應其他人可以感受到嗎？

我二〇一六到二〇一九年在臺大電機系開的課程「人體潛能專題」就會測試修課同學對撓場的敏感程度，方法是讓全部學生閉上眼睛，把左右手掌分別放在啟動的撓場產生器下二十到三十公分約三十秒鐘。如果有人感覺到任何特別的感受如麻、涼、風吹或任何動態的感覺，就選出來做更進一步的實驗。

經過四學期約一百五十人的測試，大概有百分之十五到二十的同學對撓場敏感會有一些感受，約有百分之五的同學對撓場相當敏感，不但可以感受到撓場的範圍大小強弱，還會引發麻感沿心包經從中衝穴一直走到手肘關節的曲澤穴為止（如左圖3-9所示）。

這讓我了解到，原來人群中每個人對於經絡被撓場扭曲的程度會有不同的反應，大部分人是經絡不敏感型，有六分之一到五分之一的人是經絡敏感型，僅二十分之一的人是經絡極度敏感型。這也說明，感覺撓場需要靠經絡敏感型的人來偵測才能得知，像T小姐就是。

圖3-9 撓場引發手部麻感處

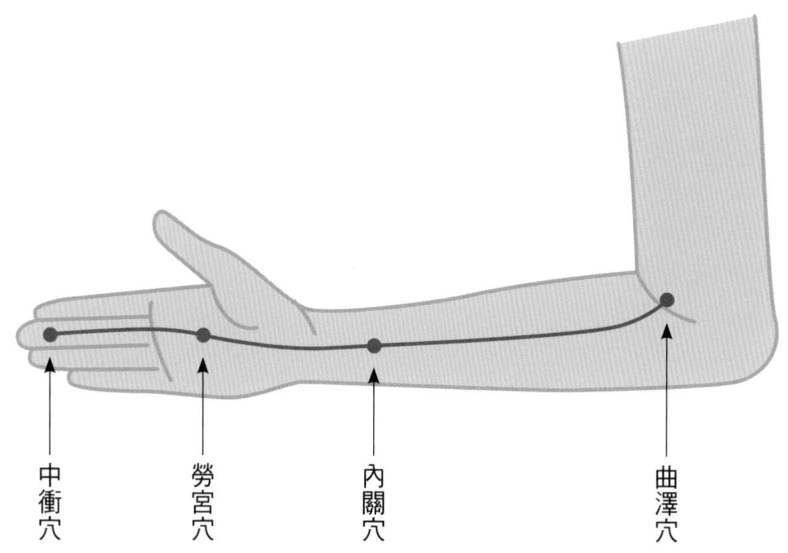

Point !

經過150人測試，約有5%的同學對撓場相當敏感，不但可以感受到撓場的範圍大小強弱，還會引發麻感沿心包經從中衝穴一直走到手肘關節的曲澤穴為止。

我們兩年中找出七位經絡極度敏感型的同學，並發現只要把一張紙用水沾濕擋住撓場，對撓場的感覺就會變弱，甚至消失，也就是水會把撓場吸收。用撓場直接照手時，同學可以感覺手掌中有一圓圓的紅圈區域發麻，如一〇一頁圖3-8(b)所示，但是撓場經過佛字後（注意：同學已閉住眼睛，不知道我們做了什麼事），他們會很驚訝，為什麼紅圈區域會被放大成藍圈區域、超出手心範圍，感覺也變強，完全證實了T小姐二〇〇〇年初期用水晶氣場所做實驗的結果，再度證明水晶氣場就是撓場。

最近兩年經過北京大學任全勝副教授發現，水的第四相可以做為撓場偵測器，不需要依靠人的感覺。經過我們兩年用水的第四相做偵測器來測量撓場，大量的實驗已證實撓場通過佛字的確會被放大。

我在《科學氣功》第四章有討論過氣導與吸引子現象，也就是當我們把佛字寫在一狹長的紙條上，佛字大小超過紙條寬度的一半以上時，會發現很神奇的事，如左圖3-10所示。

圖3-10　吸引子與氣導現象

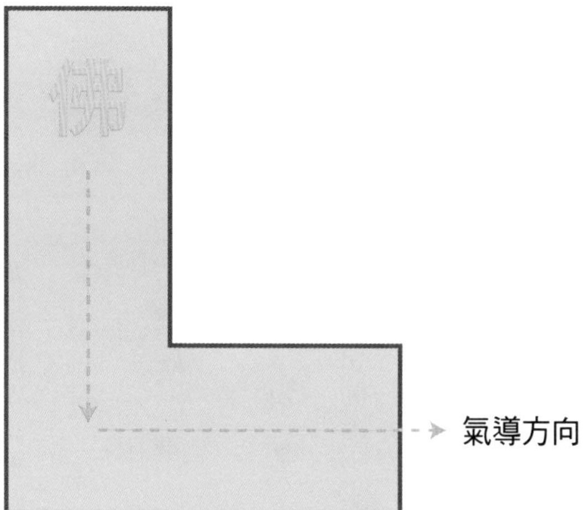

Point !

當佛字大小超過紙條寬度的一半以上時，「佛」字會變成一個「吸引子」，可以把遠處通過氣導上的氣吸引過來，再垂直投射出去。

佛字的捕氣橫截面會沿著紙條擴展到紙條另一端，使得整條紙都變成了氣導，而佛字變成「吸引子」，其漩渦時空結構已被迫擴展到整個氣導上，可以把遠處通過氣導上的氣吸引過來，再垂直投射出去。

此刻馬上出現了一個問題，哪些神聖字彙也會產生同樣的現象？

佛字捕氣橫截面被破壞及復原後之放大能力

佛字的捕氣橫截面是佛字本身大小的九倍，長寬各三倍大，如果其中被其他文字圖案破壞，或是剪斷又再復原以後，對水晶氣場的放大能力會造成什麼變化？這是很值得研究的問題。

一〇八頁圖3-11中顯示的就是實驗的結果。第一列是直接用氣場照手寫的佛字，感覺是變強、變大的圓，氣場被放大了。第二列是在佛字下方用原子筆畫了一條橫線，長度比佛字稍大一點，結果氣場通過後變成半圓，只有感覺到上半圓，下半圓被破壞掉了。第三列是如果用白色修正帶把佛字下的橫線塗去，紙上看起來又是一個乾淨完整的佛字，但是氣場穿過的感覺仍然是半圓型，沒有恢復成一個大圓，表示圓形氣場已經被破壞掉了。這顯示物質世界的修復遮蓋，不能彌補佛字在虛數時空（靈界）的破壞，也表示氣場可以偵測到靈界的時空信息。

第四列是把佛字剪成一半，當然放大作用就消失了，氣場穿越後沒有變化。接著，第五列又把剪斷的佛字用透明膠帶重新黏合起來，看來與原來的佛字一樣，結果水晶氣場一照之下，感覺又變為圓形，但是強度比原來沒有剪過要弱。表示佛字一旦被破壞過，有些傷害已經造成，不過這些傷害主要不在這實數的物質世界，而在另外一個世界，我在第四章會詳細說明原因。第六列是在佛字前面加上另一張白紙擋住，結果沒有發揮任何阻擋功能，氣場還是能直接穿越，因第二張紙上寫的佛字而感覺到變大、變強。

圖3-11 佛字捕氣橫截面被破壞及復原後放大能力之變化

阻隔物	實驗結果
佛	感覺圓變大、變強。
佛 水晶	在佛字下加一橫線，變成半圓形的感覺。
佛 用修正帶塗掉	用修正帶塗掉橫線，仍為半圓形的感覺。
佛 字被剪一半	將佛字剪一半，感覺氣場沒有變化。
佛	將被剪一半的佛字用膠帶黏回，感覺為圓形，但變弱了。
佛	放兩張獨立紙張，前面是白紙，後面白紙上有佛字，，一前一後，感覺不影響，氣場變大及變強。

其他神聖字彙對水晶氣場的吸引力

神聖字彙「佛」字是一個氣場的吸引子，能夠吸引經過氣導的氣場而趨向佛字向前噴出，如一一〇頁圖3-12所示。

圖3-12(a)是用一水晶氣場指向U型氣導的左上角，右上角寫了一個佛字，因字大小超過氣導寬度的一半，而形成了吸引子。圖3-12(a)是渦旋氣場剛穿出紙面左上角，穿出紙條的部分則用紅色的螺旋表示，這一紅色部分會如圖3-12(b)所示，被右上角的佛字大渦旋撓場所吸引，而沿著U型氣導運動走到佛字而向外噴出。這個運動過程會被功能人如T小姐手掌所感知。

看到這裡佛字的反應，就引發出下一個問題，除了佛字以外，是否有其他的神聖字彙也有類似的放大及吸引氣場的效應？

圖3-12　氣的吸引子

（a）水晶渦旋氣場穿過 U 型氣導左上角

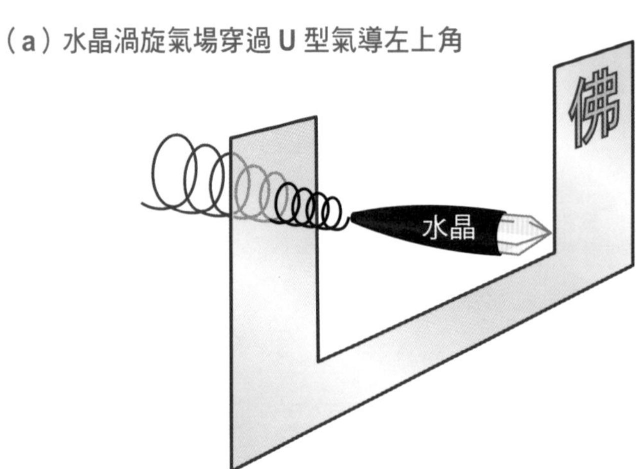

（b）上圖紅色凸出氣場會被吸往右上角的佛字

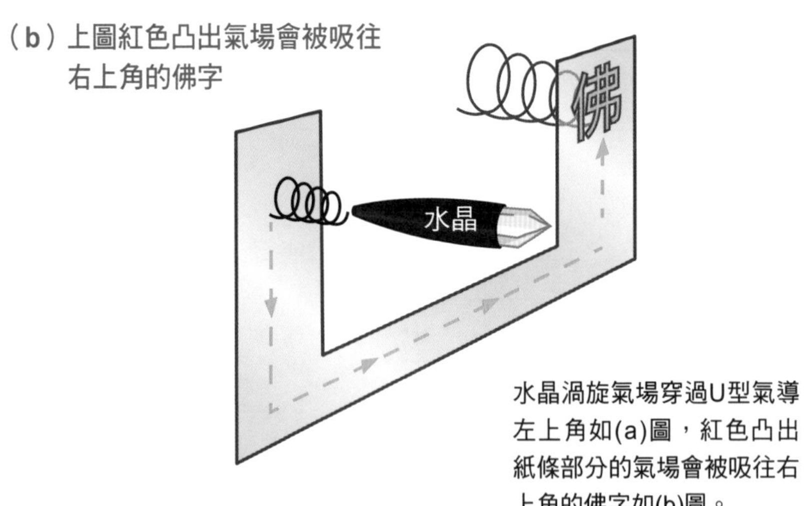

水晶渦旋氣場穿過U型氣導左上角如(a)圖，紅色凸出紙條部分的氣場會被吸往右上角的佛字如(b)圖。

一一三頁圖3-13是正常山型、U形或M型氣導。第一列的山型氣導的右上角寫了「觀音」兩字，大小超過紙條寬度的一半，形成吸引子，當水晶氣場打在右上角❶「觀音」兩字的位置，氣場變強，從原來強度十增加到十五至十六，表示「觀音」兩字也可以放大氣場。如果打到藍色圈❷或❸的位置，氣場會被「觀音」兩字所形成的吸引子吸引，沿U型氣導走向「觀音」兩字，實驗結果❷和❸所示的U型軌跡即為T小姐手掌的感覺。

第二列的M型氣導右下方寫了「孔子」兩字，如果直接用氣場打向❶「孔子」兩字，氣場會變成動態、刺刺的感覺，但是沒有放大的作用，只是由靜態調變為動態氣場。如果氣場打向❷，氣場感覺已超出手掌、不見了。如果水晶氣場照到M型氣導中間❸的位置，則氣場會被「孔子」兩字吸引，先上後下傳到右下角。原來神聖字彙「孔子」也有吸引力。

但是第三列的「老子」兩字卻沒有反應，不但氣場照「老子」兩字強度沒有變化，也沒有從靜態調變為動態，表示這個字也沒有產生吸引力。我懷疑是當天「老子」並不在他的網站中，因為T小姐手指識字辨識「孔子」及「老子」的反應幾乎一樣，都是有一個暗的人影出現在祂們網站的首頁。

接下來，第四列的U型氣導的右上角寫了「耶穌」兩字，對氣場也有放大作用，可以吸引打在左上角位置❷的氣場，沿U行通道運動走向右上角。

後來，我把寫了「文殊」兩字的小紙條貼在第四列U型氣導的左上方，如第五列所示。結果「文殊」也可以放大氣場，打在位置❷的氣場被兩個吸引子拉扯，「文殊」會拉一部分氣場去放大；「耶穌」則拉一部分氣場走U型氣導到右上角。

所以，結論是凡是會引發氣場變化的神聖字彙，例如把氣場放大，或是把氣場由靜態條變為動態的字彙都是吸引子，會吸引氣場經過氣導趨向神聖字彙。

圖3-13　水晶氣場經氣導與吸引字彙作用

阻隔物	實驗結果
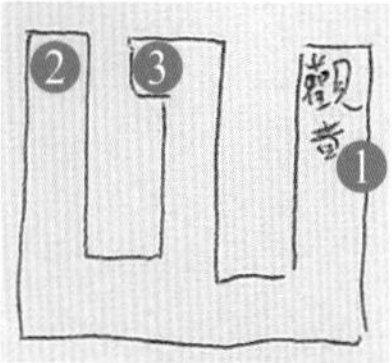	❶照在「觀音」字上，氣場強度變強，程度從10變成15～16。 ❷氣導方向： ❸氣導方向：
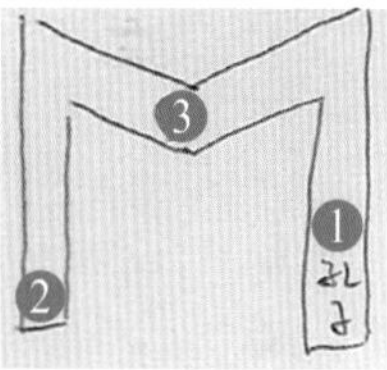	❶照在「孔子」字上，氣場強度不變，有一點刺刺的。 ❷氣場超出手掌，不見了。 ❸氣導方向： 表示「孔子」有吸引能力。
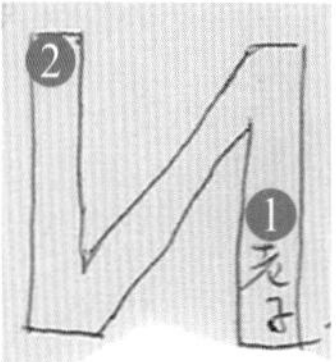	❶照在「老子」字上，沒有變化，強度程度10。 ❷氣場沒有變化。 表示「老子」沒有吸引能力。
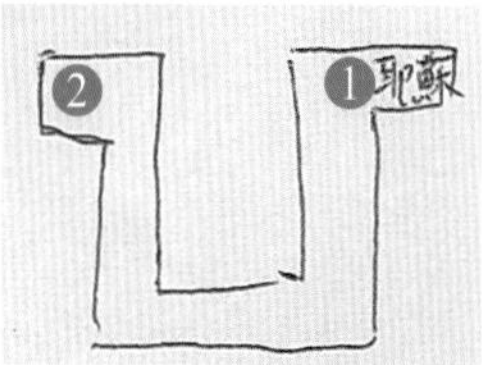	❶照在「耶穌」字上，感覺溫溫的，氣場強度變強，程度從10變成12。 ❷氣導方向： 表示「耶穌」有吸引能力。
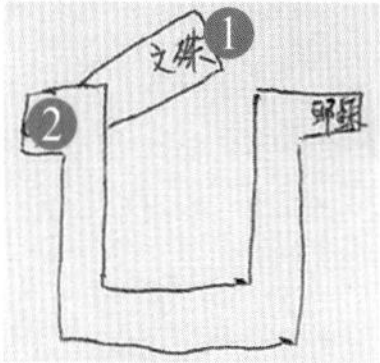	把「文殊」字條貼到樣本的左上角。 ❶打在「文殊」上，氣場變大。 ❷氣場被「耶穌」吸引。  這邊比較溫溫的

導致氣場產生運動的圖案

我們已發現神聖字彙所形成的吸引子可以吸引氣場運動，接下來的問題是，有沒有其他字彙或圖案會引發氣場的運動？後來實驗發現的確有的，如一一六頁圖3-14所示。

圖3-14的前面三個圖都是在紙上用電腦畫出左旋及右旋的阿基米德螺旋，第一列實驗是一個右旋的阿基米德螺旋，氣場打在外圍❶的位置、內圈❷的位置，氣場都不受影響。但是，當氣場打在中央❸的位置，氣場就被螺旋帶著由內向外順時針方向一直旋轉。

第二列實驗是左旋的阿基米德螺旋，結果也是一樣，只有當氣場打在中央❸的位置，氣場才會被螺旋帶著由內向外逆時針方向旋轉。

如第三列實驗所示，若是改從背面中央入射，氣場則會反轉成順時針旋轉。但是如果氣場打在三個不同半徑的同心圓上，任何位置包括中央均不受影響不會旋轉。

這表示氣場與螺旋結構而非圓形結構有密切耦合作用，也暗示氣場本身就是螺旋結構。

第四列實驗的最後一個太極圖也會引發氣場旋轉，當氣場打到太極圖中央時，會朝著陰或陽的魚眼旋轉，代表魚眼是陰與陽的通道，而這個漩渦通道可以把氣場吸引過去。

圖3-14 水晶氣場與阿基米德螺旋及太極圖的作用

阻隔物	實驗結果
氣場從正面入射	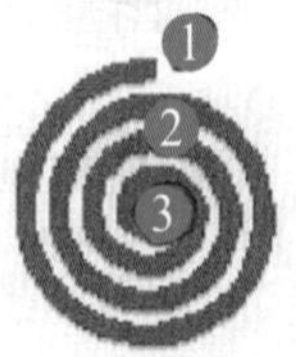 ❶上端起點：沒有變化。 ❷內圈：沒有變化 ❸用水晶指中心，順時針一直轉。
氣場從正面入射	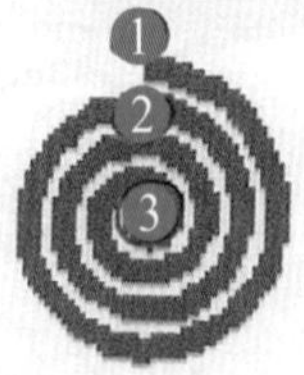 ❶上端起點：沒有變化。 ❷內圈：沒有變化 ❸用水晶指中心，逆時針轉。
氣場從背面入射	 ❶用水晶從背面指中心，順時針一直轉。
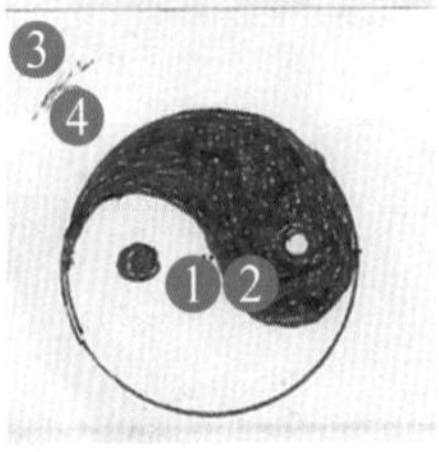	❶用水晶指中心，正面入射：順時針旋轉。 ❷用水晶指中心，背面入射：逆時針旋轉。 ❸外圍：沒有變化。 ❹接近太極圖處：開始旋轉。

全世界第一台氣的震盪器

由前面的實驗我們可以看到如何利用神聖字彙把氣場的放大、傳導、被吸引子吸引的現象，因此可以仿照電子電路震盪器的原理，將氣放大、回饋產生震盪，而做出氣的震盪器。任何的電子電路包含電腦、手機、儀器都需要電子震盪器產生不同頻率的信號。

一一九頁圖3-15就是全世界第一台「氣的震盪器」，水晶氣場經過三個佛字的連續放大，打在一個由紙條做成的環形氣導，在水晶氣場穿過氣導的地方寫了一個佛字，大小超過氣導寬度的一半。這個佛字不但扮演第一級放大氣場的作用，還扮演吸引子角色，把被佛字放大後，打到對面紙環的氣場吸回產生回饋的作用。因此氣場被連續佛字放大以後打到氣導，又被吸回到第一個佛字，再噴出向前繼續放大回饋過程，最終氣被放大的程度超過了中途的損失程度，就會形成氣的震盪，不再需要外面輸入氣源。

根據T小姐用手去接觸氣場的感覺，整個氣場變得很大，被侷限於氣導內圈幾公分內及連續佛字的路徑中，而氣導外面的氣場很小。我相信這是世界上第一台氣的震盪器，以後就可以設計、控制氣場做邏輯運算的儀器。問題是，被放大的氣場能量來自哪裡？

有一天，我在思考這個問題時，突然覺悟到這些能量顯然來自虛數時空的靈界，我無意間發明了一個虛空取能器，打開了一扇門。雖然現在取出的能量雖然很小，但是技術愈來愈成熟以後，就可以像特斯拉所說的一樣，達到真空取能的目的，一個新的文明、新的能源世界已經在我們面前展開。

圖3-15　全世界第一台氣的震盪器

（a）用三個佛字連續放大

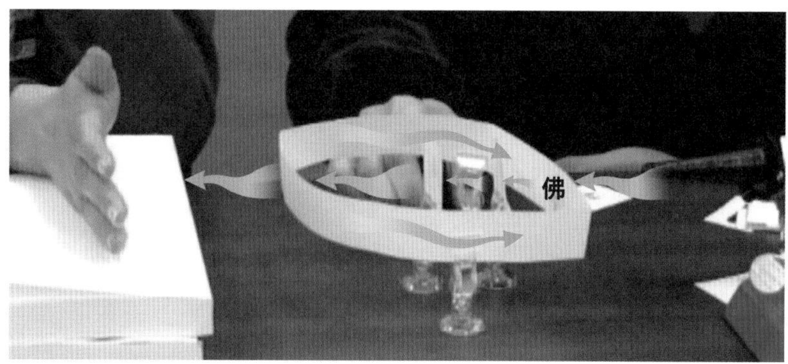

（b）用氣導及吸引子產生回饋

(a)圖是水晶氣場經過三個佛字的連續放大。(b)圖是打在一個由紙條做成的環形氣導，在氣場穿過氣導的地方寫了一個佛字。這個佛字不但扮演第一級放大氣場的作用，還扮演吸引子角色，把被佛字放大後打到對面紙環的氣場，吸回產生回饋的作用。

第四章

穿梭陰陽的撓場——道家風水、八卦、佈陣的解密

中國傳統的風水，
就是在處理環境居家中物件的擺設所形成的幾何結構，
並用風或水調整氣場的位置與大小。

因為氣場會鑽入虛空，
因此撓場穿梭陰陽的氣場行為，
就是中國傳統風水的科學基礎。

風水的起源

晉朝郭璞是中國歷史上第一個提出風水的概念的人，他認為「氣乘風則散，界水則止。古人聚之使不散，行之使有止，故謂之風水。」倡導天地之間存在一股氣，遇到風就被吹散了，遇到水就停下來。因此風水就是在選擇地形地勢，比如，房屋背後要靠山，比較容易擋住風，不要散了氣；屋前最好有水塘，利用水將氣聚集在生活的空間。

晉朝道士葛洪：「人在氣中，氣在人中」正氣歌：「天地有正氣，雜然賦流形」。這種氣如果存在的話，與人體的生理、心理狀態無關，應該也是一種物理的力場。從此以後，中國人漸漸篤信風水，認為人的吉凶禍福、甚至仕途前程都會受到住屋或祖墳方位環境、規模和形式的影響。

隨著歷史的演進，風水的知識逐漸演化出了兩種形式：

第一種是「環境風水學」，為聚氣止氣的環境地理學，比如，房子的門口要朝南方，有比較充足的日照陽光；房屋不可以在丁字型路口（路衝）；房子不可以夾在兩個高樓之間；房子附近不可以有煙囪、電桿及招牌形成的尖角符號對著等等。

最好的居屋選擇是「前朱雀，後玄武」，前面有池塘的叫朱雀，後面有丘陵的叫玄武；「左青龍，右白虎」，左邊有流水的叫青龍，右邊有長馬路的叫白虎。其地形應該為東低西高、後高前低，符合以上條件者便是家居住宅的最佳選擇；這種宅型代表出官出貴，為旺丁旺財，家門繁榮昌盛之宅。

這種環境風水學有部分規矩是現代科學可以解釋的簡單道理，例如，在居住地方聚氣，會讓居住的人健康有活力，自然事業學業容易發展，而獲得榮華富貴；房子位於路衝容易發生交通事故；若位於兩高樓之間會有風切現象等等，對居住者不利。但是大部分規矩還是無法用現代已知的科學解釋。

第二種是「民俗風水學」，以住屋、祖墳方位環境、規模和內部形式及營造時日等的選擇，來調控氣，預測居住者的前程，這裡面很大一部分是現代科學無法了解的原理。

科學昌明以後，風水被視為迷信而逐漸式微，像中醫一樣，大部分人都不相信了，只有少數人基於本身經驗或祖傳教導仍堅信不疑。郭璞所描述的氣與我們第三章所討論的撓場具有相似的性質，例如，撓場會被水吸收（界水而止），水晶氣場通過旋轉的電扇葉片會被拉長（遇風則散），因此，我知道要破解風水之謎的關鍵，仍有三個層面的問題要解決：

❶ 要清楚了解撓場的科學性質。

❷ 要了解這個宇宙的實像。

❸ 要了解撓場在真實的宇宙扮演什麼角色。

第三章中，我們已描述了撓場的一些科學性質，其他兩方面的解答且聽我一一道來。

八卦與佈陣

孔老夫子曰：「五十以學《易》」，並作《繫辭》上下二傳來解釋《易經》。易的境界在卦象與卦數，可以上通天文、下知地理，乃至算命看相、未卜先知。

孔子認為人要到了五十歲，才能累積足夠的人生經驗及智慧，可以開始學習《易經》了。孔子所講的《易經》，一般認為是《周易》，是周文王被商紂王關在監獄時研究《易經》的心得紀錄，春秋戰國時代的諸子百家之說都源於這本書。

傳說中，神農時代有《連山易》，皇帝時代有《歸藏易》，這兩種《易》已經失傳很久了，據說中醫藥、堪輿，還有道家的東西可能是《連山易》與《歸藏易》結合的產物。

《易經》裡有一個符號體系就是八個卦象，八個卦象兩兩相配，生出六十四卦，它最令人稱奇及津津樂道的是，可以用來算命看相，未卜先知。

我認識很多人去香港看過鐵板神算董先生，回來後都跟我說鐵板神算命算得極為準確，有一點恐怖的感覺，連幾十年前、年輕時曾經交過的女朋友姓什麼都算得出來。

在科學的時代，我們該如何去了解《易經》？八個卦象只是〇與一的數位組合嗎？就如同《道德經》第四十二章所說：「道生一，一生二，二生三，三生萬物。」三個爻的八卦組合就可以產生萬事萬物嗎？

在這一章中，我會提供證據，顯示八卦的神奇性質不是在這個物質的實數世界，而是躲藏在另一個世界靈界的虛象，而連結兩個世界的關鍵就是「撓場」，所以撓場就是打開易經秘密的鑰匙。另外與《易經》八卦有關的謎團是道家的佈陣，諸葛亮作八陣圖見於《三國志蜀書諸葛亮傳》：「亮性長於巧思，推演兵法，作八陣圖。」八陣圖是公認的極佳陣法，千百年來極受推崇。陸遜火燒劉備連營七百里，孔明巧佈八陣圖，用石頭堆成石陣，再按照遁甲分成生、傷、休、杜、景、死、驚、開八門，吸收了八卦排列，相容天文地理，其威力之大據傳可抵擋十萬精兵，被諸葛亮佈在湖北入蜀之門戶。據說八陣圖最主要特點是每時每刻都在變化，這種變化的特徵使得人走進去之後，會迷失於其中。

我們小時候讀武俠小說常看到這種場景，非常羨慕及嚮往，但這裡面學問太大了。我幾年前到了六十歲，超過孔老夫子學《易》的年齡已經十年了，但是懵懵懂懂還沒有任何頭緒，不知要如何去佈陣。直到過了六十四歲以後，用撓場作實驗深入了解了八卦虛象在靈界的動態行為後，我的道家朋友才突然教我用八卦佈了一個陣法，讓我在陣法上的理解突飛猛進，開始理解了佈陣的科學根據，並將在本章最後一篇介紹。

接下來，我們要先了解宇宙的實像，才能去了解撓場的神奇性質。

複數時空與量子心靈

請參考我二〇一八年出版的《靈界的科學》一書，描述了我對真實宇宙提出了兩項重大假設的經過與理論內容，當時，這兩大假設是為了統一解釋宇宙大中小尺度時空所出現的異常現象，例如，大尺度宇宙中竟然有百分之二十三的能量是暗質，百分之七十三的能量是暗能，正常物質世界僅占宇宙只有百分之四的能量；奈米小尺度量子物理中，量子糾纏之間資訊傳遞超光速，違反愛因斯坦的相對論；中尺度的人體特異功能，如手指識字、念力等現象，完全不能用現代科學理解。

二〇一四年，我提出一個統一的架構及兩個假設作為基礎，來了解真實的宇宙。這個統一架構的第一個假設就是：我們所處在的宇宙其實是八度複數的時空，除了我們一般感官能感覺到的四度實數時空，也就是傳統所說的「陽間」之外，還有一個虛數的四度時空存在，這個就是傳統所謂的「陰間」，裡面充滿了各種意識及資訊網站。

實數、虛數之間雖然關係密切，卻是同一複數的實部及虛部，但是其間存在實虛障礙（陰陽兩隔），僅僅藉由許多不同尺度的特殊時空點連結，這些連結點都是漩渦狀的時空結構，也就是三度空間太極圖上的魚眼結構，兩個時空的聯通要經過魚眼的漩渦時空結構。

實數空間的物質要打破實虛障礙，進入虛數空間的關鍵就是：第一，其尺寸要遠比漩渦口孔徑小，而正好撞上連結點的通道口；第二個方式是，物質只要進入複數物質波或量子場狀態，就可以穿隧進入虛數時空，這也解答了量子力學九十年來的謎團，為什麼狄拉克（Dirac）方程式之解粒子的波函數或量子場論中的量子場都是複數函數，過去沒有人了解複數的含意，只是把它與共軛複數的乘積解釋為在位置 r 及時間 t 發現粒子或場的機率。

我認為這個複數的物質波，就是進入虛數時空的鑰匙。此時物質的尺寸不再重要，量子波可以滲漏經過很小孔徑的漩渦時空連結點（漏斗口）進入虛數時空。

我的第二個假設就是：複數量子場或量子波函數中虛數 i 就是「意識」，可以說複數量子場或量子波函數中虛數 i 的出現「把意識帶進了物理學」，也告訴我們，物體只要進入量子狀態「萬物皆有靈」，這就是量子心靈的出現。

當物質如基本粒子、光子、物體進入微觀或宏觀量子狀態，物質波出現，這時物質波會鑽入虛數時空，在虛數時空中，量子的狀態波速可以遠高於光速，很快地傳佈廣袤的空間，也可以擷取過去及未來時間的訊息。複數的波函數導致在實數空間無法確切地測量粒子的動態性質，如位置及動量，因為其游走於實數及虛數時空，只能得知其在位置 r 出現的或然率。可以說複數時空的概念徹底解決了近九十年來世人對量子力學本體論的迷惑，也就是量子力學所描述的「量子世界的本質到底是什麼？」的問題。

手指識字與撓場感應，是不同世界的物理機制

手指識字是天眼掃描靈界的虛象，撓場感應是感受到物質世界扭曲的時空。由於真實的宇宙是八度的複數時空構成，有實有虛，為各四度的時空結構，我認為實數時空與虛數時空中間的通道是經由粒子的自旋所形成的渦漩時空破口。由於所有在實數空間的物體都是由原子構成，原子中每一個基本粒子都有自旋，都有通往虛數時空的通道，因此在虛數時空中都會出現一破口形成的虛象，是自旋通道在虛空出口的組合，此形狀與實物是完全一樣，因此形成「一物兩象」的現象。

任何一個實數時空的物體，在實虛兩空間都有一個形狀一樣的結構，虛空中的能量形式，如果不包含自旋通道，無法與實數空間溝通，

則不會產生實象，是屬於暗質及意識的純能量。但如含有自旋時空結構，其通道出口則會在實數時空形成一個沒有物質存在的影像（鬼影）而已。

字彙及物體虛空的結構在手指識字及念力的作用上扮演了重要的地位。我們提出手指識字及念力的可能機制，所有特異功能要能做成功，功能人的大腦中必須出現「天眼」。根據判斷，天眼是大腦某一部分的生理食鹽水進入量子狀態，產生自己的意識，並經過自旋通道滲漏到虛數時空，掃描文字或圖案的虛像而非實像帶回天眼。

當手指識字辨識神聖字彙時，如「佛」、「觀音菩薩」、「耶穌」、「藥師佛」、「彌勒佛」等，其虛象已經被這些神聖人物在虛空的意識所修改成大圓、多排小圓、十字架等不同結構。由於這些字彙的虛象已經被神靈改變，因此手指識字時，天眼掃描虛象時看不見字彙，而是看到被改變的影象，如圓形亮光、亮人，或是影像所聯通的世界，如神靈網站的首頁，或其他虛空的世界。所以結論是，手指識字時天眼所看到的影像是虛數時空的虛像。

功能人T小姐對於撓場或水晶氣場的感應則有不同的機制。首先，她感應水晶氣場時不用開天眼，因此是大腦感應撓場穿越阻隔物體所產生實數空間的變化，而非天眼掃描虛像所感到的虛空的信息。問題是，她的大腦用什麼樣的生理機制來感應這些實數空間被調變的撓場？

第三章中，我提到二〇一六到二〇一七年，我們發現幾位對撓場產生器所產生撓場敏感的功能人，其中一位是碩士班的王姓研究生，他的手掌勞宮穴被撓場產生器所發出的撓場照射以後，會出現麻感，沿著心包經從中衝穴走向手肘的曲澤穴，然後停在曲澤穴上，有很強的殘留效應，回家後要七、八小時才能完全消除麻感。另外用水晶氣場照射勞宮穴也會產生麻感，但是因為強度很弱，只要約四十到五十秒鐘就會消失。這表示撓場經過勞宮穴會扭曲心包經經絡的時空結構，此扭曲的信息經過神經系統的電信號攜帶傳入大腦，而被感知為麻感。因此，我們可以知道，經絡是偵測撓場的主要偵測器，但是必須是經絡極敏感型體質的人比較容易偵側得到。

T小姐與王先生是屬於經絡極敏感型的少數人，而T小姐的勞宮穴被水晶氣場照射後所產生的感覺只殘留幾秒鐘就消失了，而王先生勞宮穴的殘留效應會隨著照射源的強弱而改變，用弱的水晶照射後的麻感為五十秒，用強的撓場產生器照射後的麻感則可以長到八小時。但是對大部分人而言，是無法感受到撓場與神經的作用的。

由此我們了解做手指識字實驗時，功能人的天眼會打開掃描字彙的虛空影像，送回大腦由靈魂及第六識合作後看到虛像；而感受氣場時，是經由功能人的手上經絡探測到撓場扭曲的時空，與其神經系統交互作用後的結果。但是氣場與虛像的關係又是如何？我們可以探索虛空的動、靜態行為，或測量虛像嗎？

發現撓場可以穿梭陰陽界

二〇〇〇年，我們之所以開始用水晶氣場來做實驗，就是看到一個美國的網站聲稱：水晶氣場夠強的話，就可以打破物質世界與靈界的障礙，與靈界的師父溝通，因此氣場是一個物理的通訊工具，可以溝通陰陽兩個世界。可是做了十多年的實驗，還是沒有辦法找到可靠的偵測器，來驗證這個說法。沒想到，在用水晶氣場通過神聖字彙或神聖圖案如傳統的八卦時，卻讓我們找到了證據，證明氣場不但能穿梭陰陽界，還可以把圖案一物兩象的虛像之靜態或動態行為投射回實數時空的物質世界，被功能人感測到。

這個重大的發現讓我們理解神聖字彙及《易經》中八卦的神奇特質，不是存在於物質的實數世界，而是躲在虛數時空靈界的虛像。

由此，我們可以開始了解風水的科學根據與物體虛像在虛空的動態行為有關；道家操控時空結構，以奇門遁甲佈陣的秘密也被揭開神秘的面紗。用氣場穿入虛空取出可用的能量，變成並不困難的科學操作，特斯拉在二十世紀初期所預測的一些神奇的科幻故事，似乎可以在二十一世紀中葉以前，慢慢地被科學所實現。

神聖字彙的啟示

功能人T小姐用手指識字來看神聖字彙，如「佛」、「彌勒佛」、「藥師佛」等字彙會產生異相。

如一三八頁圖4-1所示，T小姐看「佛」及「彌勒佛」時，會看到一個大亮圓，是各自網站的首頁圖像。而第二列是T小姐看到「彌勒佛」網站的第二頁是六個小亮圓排成一個圓圈（如圖1所示），第三頁是小圓圈順時鐘轉了一圈（如圖2所示）。

圖4-1　T小姐參觀「佛」和「彌勒佛」的網站

日期：2015年1月9日		
正確答案	透視結果	實驗記錄
佛	網站首頁看到一個大圓，很亮，全部都很亮。	開天眼共4次： ・316秒時，第一次開天眼。 ・343秒時，第二次開天眼（與第一次間隔27秒）。 ・363秒時，第三次開天眼（與第二次間隔20秒）。 ・399秒時，第四次開天眼（與第三次間隔36秒）。 ・409秒時，關天眼（與第四次間隔10秒）。

日期：2004年8月6日		
正確答案	透視結果	實驗記錄
彌勒佛	T小姐以手指識字看「佛」字或「彌勒佛」，會看到一個大亮圓。 圖1 圖2	・14：10：24　開始。 ・14：14：20　看見閃一下。 ・14：15：28　看見閃一下。 ・14：16：39　看見閃一下。 ・14：17：52　看見閃一下。 ・14：19：23　看見一個很大很亮的圓，如圖1。 ・14：21：29　看見數個發亮的圓，如圖2。 ・14：23：30　看見全部的亮圓轉一圈就消失。 ・14：25：58　看見很黑的一片，請問師父那是什麼？ ・14：28：35　看見變的很黑很黑，聽到師父說：「錯了」的聲音。 ・14：30：12　感覺師父有些生氣，聽到祂說：「錯了，就是錯了。」 ・14：31：40　結束。

在看「藥師佛」時，如一四〇頁圖4-2所示，T小姐會看到五個一排，排列整齊一排排的小亮圓，每一個小亮圓是藥師佛網站的一個藥園，裡面有各種不同的信息藥草。

當T小姐來感應水晶氣場穿越「佛」字時，如第三章的一〇一頁圖3-8(a)所示，會感受到水晶氣場變成一個大圓，而且力量變強，竟然與佛字在虛空的虛像完全一樣，表示佛字在虛數時空中靈界的虛像已經不是「一物兩象」，而被改成一個圓形的大漩渦，也是佛在靈界網站的首頁圖像。

看起來，撓場是被佛字的大漩渦圓形虛像放大，並且投射到了實數時空，被T小姐手掌的經絡所感覺到。這表示水晶氣場打到佛字時，部分氣場穿入了虛空，剩下的部分仍然在實數空間傳遞；穿入虛空的部分因為被放大，經過實虛糾纏帶動下，實數空間的氣場也被放大。

圖4-2　T小姐參觀「藥師佛」的網站

日期：2003年3月30日		
正確答案	透視結果	實驗記錄
藥師佛	T小姐以手指識字看「藥師佛」時，看到五個一排的小亮圓，一排排整齊排列。每一個亮圓是一個藥園，裡面有各種信息藥草。 圖1 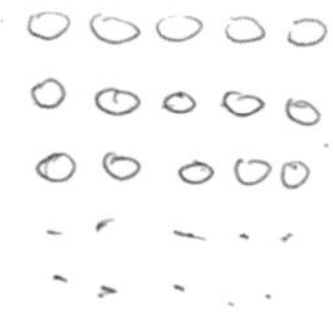 圖2 	・14：48：30 開始。 ・14：52：00 看見亮了一下。 ・14：55：20 看見一團光衝過來。 ・14：57：30 看見一個一個的亮光，排成圖1（要求看第1、第3個藥園 ）。 ・15：01：10 只有看見亮一下，沒看到，要求再看一次。 ・15：03：50 從第一個亮光中，看見生長著一大片很綠的植物，一排排整齊排列，如圖2。 ・15：05：40 看見一片空白。 ・15：06：00 看見一片空白。

當用水晶氣場經過「彌勒佛」或「藥師佛」兩字彙照射T小姐手掌的勞宮穴時，其結果如一四二頁圖4-3所示。

當「彌勒佛」三個字中間沒有空格，或只空一格，如圖4-3第一、二列所示，則不論水晶氣場照「佛」字或「彌」字，都感覺到變成一個大圓、有點溫度，表示信號變大、變強。

但是，當「彌勒佛」三字中間空了兩個空格，如圖4-3第三列所示，只有照「佛」字時會變成大圓，照「彌」字時沒有變化，表示這三個字的空間結構已經分離，「彌」字與「佛」字不再連結，變成普通字，不再影響氣場。

這也表示每個字可以影響的空間範圍，就在這個字的上下左右一個字的範圍。

圖4-3　水晶氣場與字彙間距的作用：彌勒佛

日期：2004年12月26日	
阻隔物	實驗結果
彌勒佛	●感覺到一個圓圈，溫溫的變大。 ●感覺同上。
彌　勒　佛	●感覺到溫溫的、大大的圓，氣場比較散。 ●感覺同上。
彌　　勒　　佛	●感覺到一個圓，稍大。 ●感覺無變化。

※ ●●，代表用水晶氣場照射此文字。

當水晶氣場照到「藥師佛」時，會感覺到刺刺的、一點點向右移動，如一四四頁圖4-4所示。

這個實驗是二〇〇四年十二月完成的，當時我還不懂得這個實驗的意義，直到二〇一六年才突然領悟，這是氣場在掃描虛空裡藥師佛藥園內一排排整齊排列的一個個圓形小藥園。由於每個藥園都是旋轉的小渦旋時空結構，如同一個個小吸引子，可以把氣場吸過來，因此T小姐感覺到一點點刺刺的氣場，是不斷旋轉的時空小錐子，而且會由一個小圓圈傳向下一個圓圈而移動。

由這些神聖字彙的穿透實驗，我們了解到水晶氣場可以把神聖字彙的虛像，如大的圓形或一排排小圓排列的時空結構投影帶入實數時空，被功能人用經絡感覺到變化。這也顯示氣場在打到神聖字彙時，有部分氣場可以藉由神聖字彙文字內的自旋通道穿入虛空，開始掃描神聖字彙中被神靈改變的虛像。若虛像有圓形渦旋結構，則氣場會被渦旋加強，或被旁邊另一圓型渦旋時空帶動而移動位置。

圖4-4　水晶氣場與字彙間距的作用：藥師佛

日期：2004年12月26日	
阻隔物	實驗結果
藥師佛（圈起）	●感覺一點一點在跑。 ●感覺同上。
藥　師　佛	●有一點感覺。 ●感覺有一點刺刺的。
藥　　師　　佛	●感覺有一點點往右動。 ●沒感覺。

※ ●●，代表用水晶氣場照射此文字。

這些穿入虛空的小部分氣場與留在實數實空的氣場，是緊密地糾纏在一起，同步變化、互相影響，可以稱之為「實虛糾纏」的氣場。

手寫的神秘八卦圖案

除了神聖字彙以外，有沒有其他圖案同樣可以看到水晶氣場穿越時產生類似的陰陽糾纏的現象？其實還有不少圖案可以產生。

我們就以八卦圖案來說明，二〇一四年以前，所有實驗用的八卦圖案都是用手握原子筆在五乘五平方公分的白紙上，沿著尺畫出，因此沒有用電腦印字，也沒有注意圖案的大小與紙張大小的關係。一四六～一四七頁圖4-5就是其中一次用水晶氣場穿越八卦圖案，由T小姐來感應的結果。

很明顯的是，圖4-5中左欄第三列的震卦「☳」及倒過來的艮卦「☶」產生溫溫的感覺，表示信號增強，震卦與艮卦反應完全相同；甚

圖4-5　水晶氣場穿越八卦圖案的結果

阻隔物	實驗結果
兌	感覺一陣陣，忽大忽小。
	感覺一樣。
巽	感覺一陣陣，忽大忽小。
坎	感覺一點點在刺。
	感覺一點點在刺。
離	感覺一點涼涼的。
	感覺一點涼涼的。
坤	感覺氣場跑到食指上。
	感覺氣場跑到食指上。

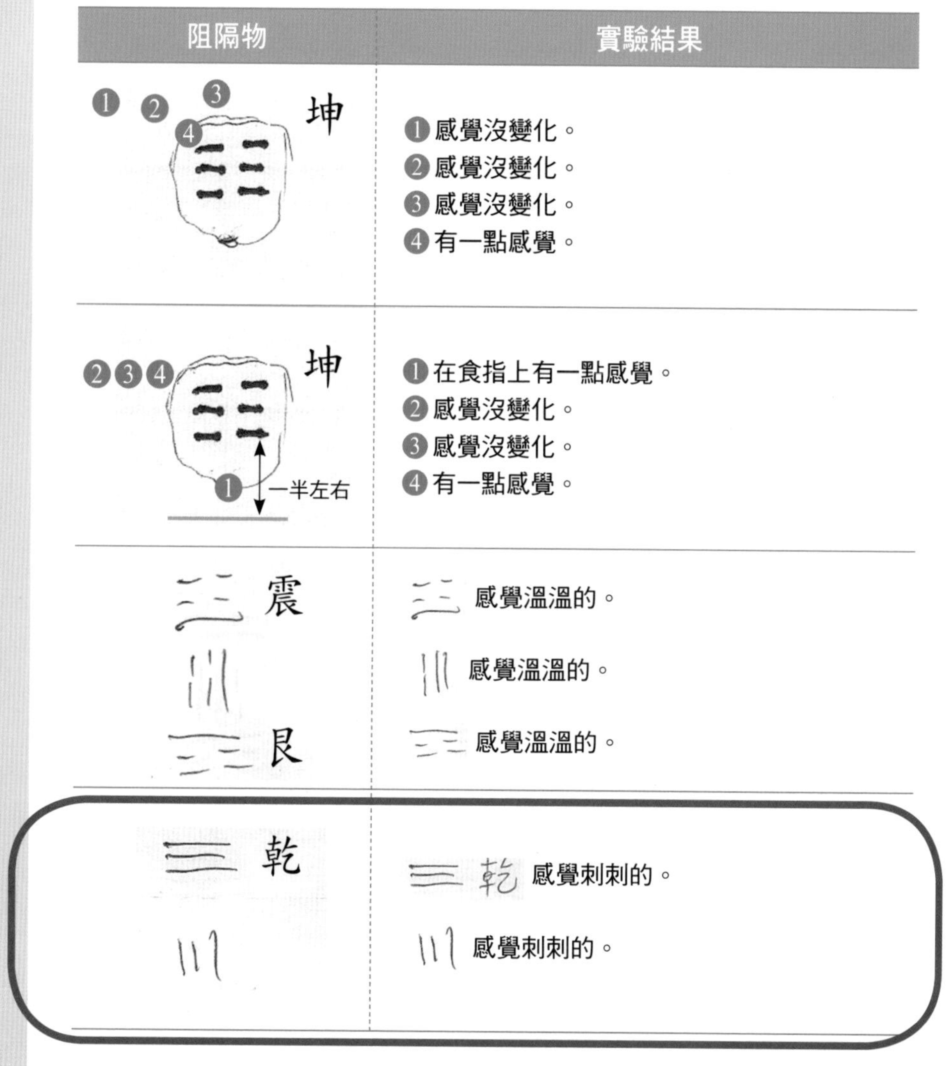

阻隔物	實驗結果
❶ ❷ ❸ ❹ 坤	❶感覺沒變化。 ❷感覺沒變化。 ❸感覺沒變化。 ❹有一點感覺。
❷❸❹ 坤 ❶ 一半左右	❶在食指上有一點感覺。 ❷感覺沒變化。 ❸感覺沒變化。 ❹有一點感覺。
震 艮	感覺溫溫的。 感覺溫溫的。 感覺溫溫的。
乾	乾 感覺刺刺的。 感覺刺刺的。

紅圈內是之後的研究重點。「乾卦」實驗中，氣場感覺是刺刺的，位置在掌心；但是「坤卦」實驗中，氣場會從掌心跑到食指尖端。後來，我才發現這些氣場的變化與卦象尺寸有關。

至轉九十度反應也是完全一樣，這表示圖案與角度無關。

圖4-5右欄第三列的離卦「☲」則會產生涼涼的感覺，表示信號減弱外，其他的卦象都產生動態的感覺，比如，右欄第一列的兌卦「☱」與倒過來的巽卦「☴」，會產生一陣陣忽大忽小的感覺，同樣顯示兌卦與巽卦反應完全相同；甚至轉九十度反應也是完全一樣，表示圖案與角度無關。

圖4-5右欄第二列的坎卦「☵」，則產生一點點在刺的感覺。

其中，最值得注意的是紅圈內左欄最後一列的乾卦「☰」及右欄第四列的坤卦「☷」，也是往後研究的重點。乾卦的感覺是刺刺的，氣場位置原來在掌心，但是穿過坤卦後，氣場會從掌心位置跑到食指尖端，當時我並不瞭解這些感覺代表的意義。

實驗有時也不能重複，因為當時我們並不知道圖案大小與背景紙張大小要有一定的比例之下，背景紙張虛像才不會干擾到八卦虛像的運動行為。直到二〇一四年後的實驗才慢慢釐清這些問題。

乾卦「☰」的幾何規範為何？

如何畫三條直線才是乾卦？為了確定乾卦的幾何規範，我們把乾卦的三條陽爻的長度都固定為一公分，調整陽爻之間的距離為○・三公分到一・五公分，上下兩爻與中央陽爻距離調整為對稱或不對稱，來測量T小姐對水晶氣場穿越這些圖案的反應，以此實驗如一五○～一五一頁圖4-6所示。

我們在二○一六年後發現不同年代實驗所準備樣本格式或大小不同，會有一些不完全一樣的反應，因為樣本背景紙張的大小會干擾到氣場穿越八卦圖形的行為。但是同一次實驗的紙張及圖形大小是固定的，因此實驗是可靠的。

這一次實驗結果，明確顯示正常乾卦會導致氣場變強約百分之十到二十，強度由十增強為十一到十二，氣場也變得溫溫的，有放大的作用。只要上下兩爻與中央陽爻距離為不對稱如三毫米對五毫米，或三毫

圖4-6　「乾卦」改變陽爻長度及間距的影響

阻隔物	實驗結果
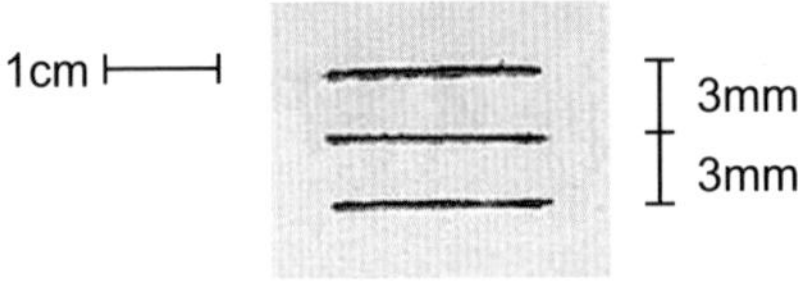 1cm；3mm、3mm	感覺溫溫的，強度稍增，由10增加到11～12。
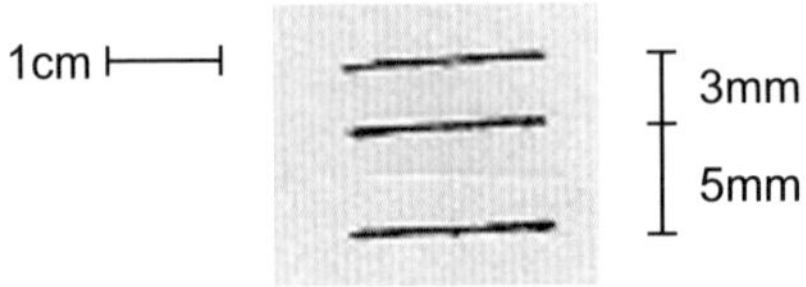 1cm；3mm、5mm	感覺沒變化。
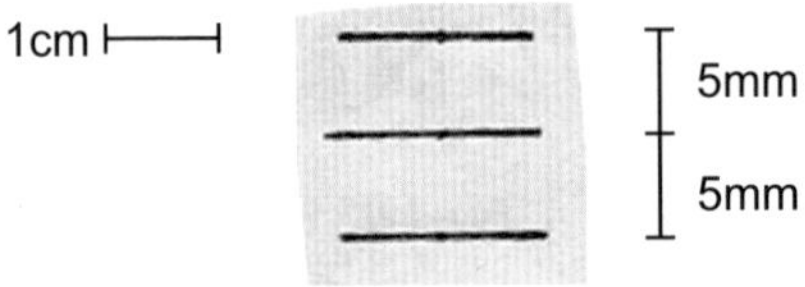 1cm；5mm、5mm	感覺溫溫的，強度稍增，強度由10增加到11～12。
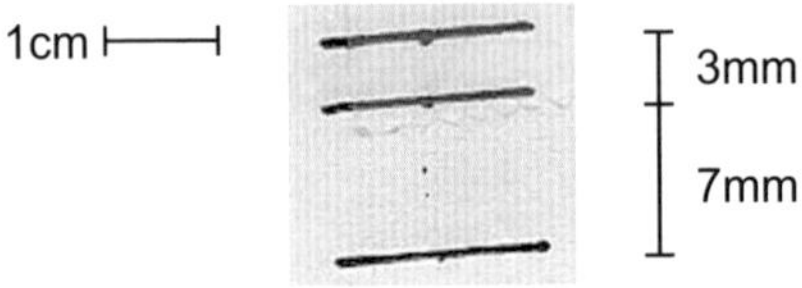 1cm；3mm、7mm	感覺沒變化。
 1cm；7mm、7mm	感覺溫溫的，強度稍增，強度由10增加到11～12。

阻隔物	實驗結果
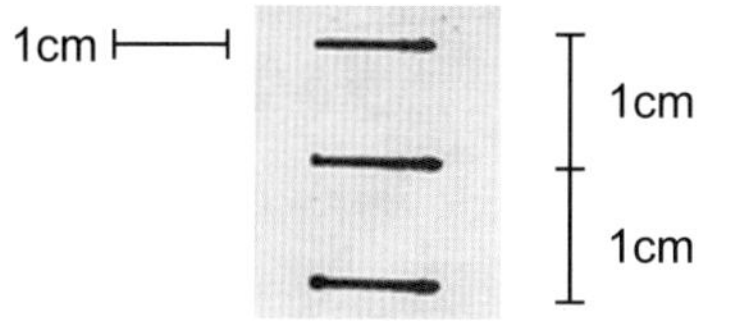 1cm；1cm / 1cm	感覺溫溫的，強度不變。
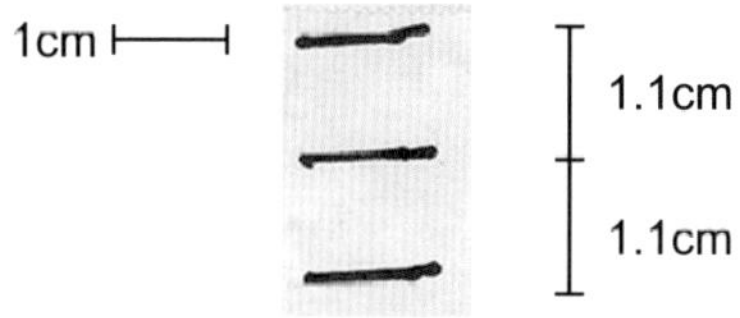 1cm；1.1cm / 1.1cm	感覺沒變化。
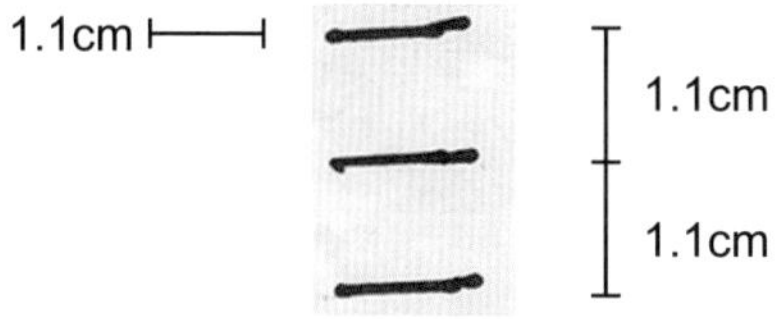 1.1cm；1.1cm / 1.1cm	感覺溫溫的，又有變化。
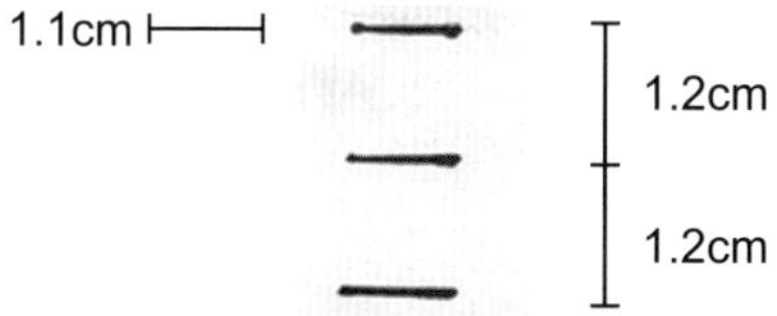 1.1cm；1.2cm / 1.2cm	感覺沒變化。
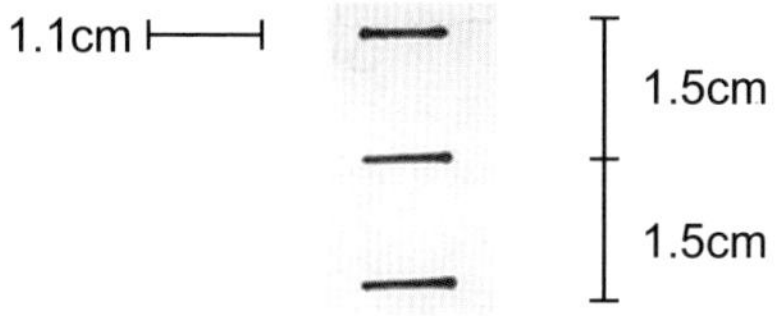 1.1cm；1.5cm / 1.5cm	感覺沒變化。

米對七毫米如右欄第二列及第四列，則氣場增強效應消失，表示此兩圖案不再代表乾卦。但是，一旦恢復對稱如五毫米對五毫米，或七毫米對七毫米，如右欄的第三列及第五列所示，則氣場增強效應恢復出現。

當上下兩陽爻與中央陽爻距離為一公分，與陽爻長度一樣長時，氣場不再增強，但有一點溫溫的，表示這個圖案正趨近乾卦的幾何界線，如左欄第一列所示。果不其然，當上下兩陽爻與中央陽爻距離為一・一公分時，氣場增強效應消失，如左欄第二列所示。但是，當間距調整為一・一公分，而將陽爻長度改為一・一公分，如左欄第三列所示，則氣場增強效應又恢復，由此我們可以下個簡單的結論來定義乾卦的幾何結構。

假設放在鄰近的三條等長的橫線，其長度為D，若相鄰兩橫線之間距離為S_1及S_2，若滿足$S_1 = S_2 \wedge D$；則這三條橫線的幾何結構就代表乾卦，原來乾卦是有幾何結構的規範，不能隨便畫三條線。

坤卦「☷」的幾何規範為何？

首先，我們可以將坤卦「☷」看成是兩個乾卦「☰」放在隔壁，因此判斷兩個乾卦必須遵守自己的規範，如前面所討論的，至於它們之間的距離扮演什麼角色呢？

為了研究這個問題，我們把左右六根陰爻長度固定為五毫米，而改變左右或上下三根陰爻間的距離。一五六～一五七頁圖4-7顯示的是用手握原子筆所繪不同幾何形狀的坤卦與水晶氣場交互作用的結果。

右欄的六列實驗是當左右陰爻相距為五毫米時，改變上下三陰爻相鄰兩陰爻的距離為對稱或不對稱，或只是對稱，但是距離比陰爻五毫米要長的結果。左欄其他列顯示的是將左右三陰爻相鄰兩陰爻距離固定為五毫米，但是改變左右三陰爻距離從八毫米縮減為六毫米、三毫米或一毫米後的結果。

果然如我們所預料的，只要坤卦左右兩個小乾卦不對稱，如圖4-7

右欄第二列（兩毫米對五毫米）及第三列（四毫米對七毫米）所示。或者，對稱的爻與爻距離等於或大於一公分，如第五列所示，則坤卦效應（氣場跑到指尖現象）則會消失。

右欄第四列兩個小乾卦不完全對稱，為七毫米對七・五毫米，也超過單根橫線長度五毫米，這時氣場有一點點跑到指尖，表示還有些微的坤卦效應。

右欄第六列的兩個小乾卦不完全對稱，為四毫米對四・五毫米，則坤卦完全不受影響，氣場還是向前跑到指尖。

從一五七頁圖4-7左欄第一列開始，兩個小乾卦距離改變成六毫米，則坤卦不受影響，氣場仍然會往前跑到指尖。

左欄第二列中的兩個小乾卦距離增加為八毫米，氣場變成向後跑，往後跑到手腕。

左欄第三列中的兩個小乾卦距離縮小成三毫米，氣場跑到指尖與手腕，看來是分裂成兩道氣，一道氣向前跑到指尖，另一道氣向後跑到手腕。左欄第四列的兩個小乾卦的距離再縮小成一毫米，氣場沒有改變，坤卦效應消失。

整體看起來，坤卦中的兩個乾卦會隨著陰爻之間的距離相互作用，而產生推擠。

氣場與電腦印製的乾卦、坤卦作用

從以上可實驗得知，乾卦、坤卦會與水晶氣場產生很強的作用，但是用手畫的卦比較不規則，重複性會有問題，於是二〇一四年後我們改用電腦印製的乾卦與坤卦來做實驗。同時想到應該要了解乾卦及坤卦的虛像為何？會產生動態行為嗎？

我在考慮乾卦間距必須對稱問題時，正好碰到美國紐約大學的前校長提到：紐約大學要在上海設分校，根據法律，大學必修課程要有哲學課，可以選的內容包括《道德經》，他說《道德經》的四十二章有些說

圖4-7　水晶氣場與「坤卦」作用實驗

阻隔物	實驗結果
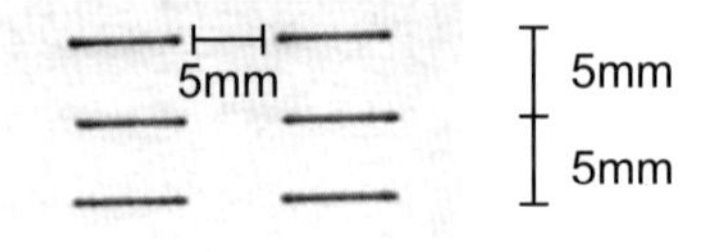 5mm；5mm / 5mm	感覺氣場跑到指尖。
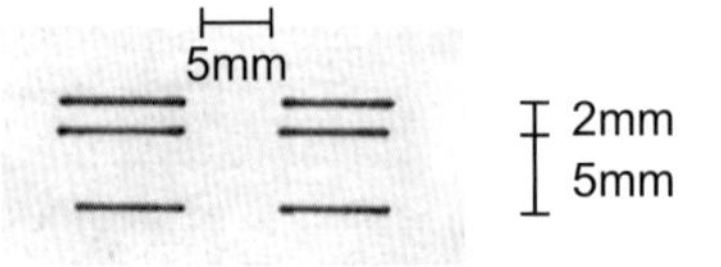 5mm；2mm / 5mm	感覺沒變化。
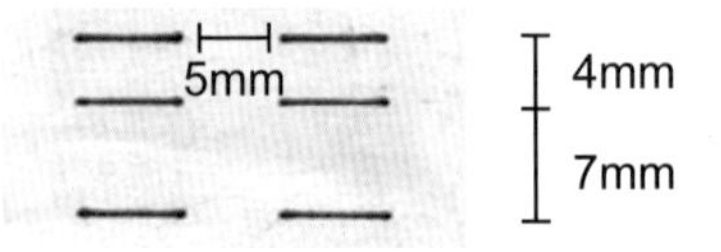 5mm；4mm / 7mm	感覺沒變化。
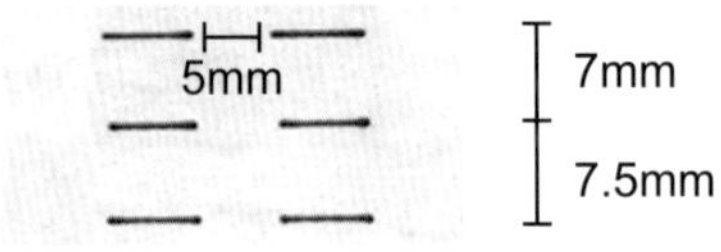 5mm；7mm / 7.5mm	感覺氣場跑了一點點到指尖。
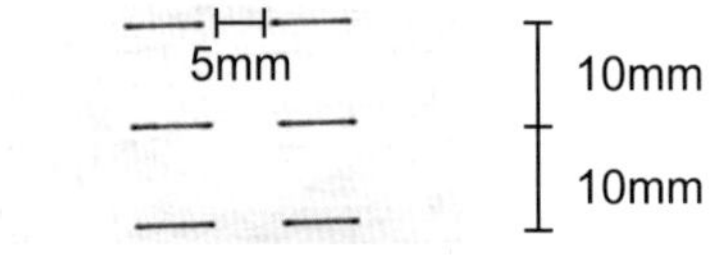 5mm；10mm / 10mm	感覺沒變化。
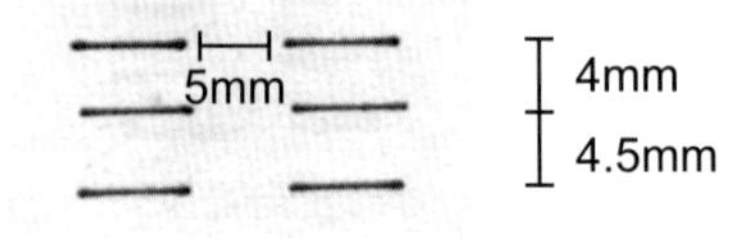 5mm；4mm / 4.5mm	感覺氣場跑到指尖。

阻隔物	實驗結果
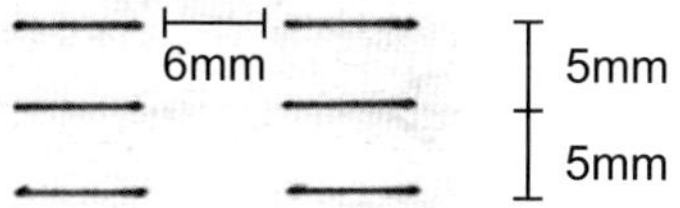 6mm 5mm 5mm	感覺氣場跑到指尖。
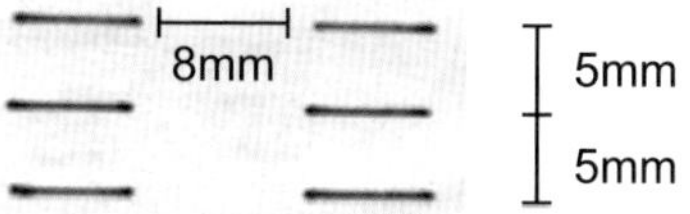 8mm 5mm 5mm	感覺氣場向後跑到手腕。
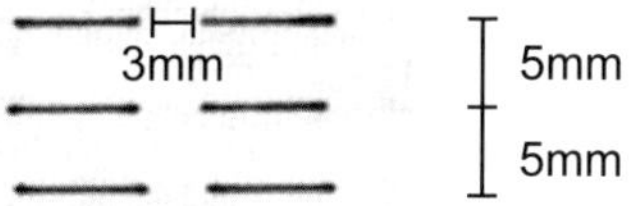 3mm 5mm 5mm	感覺氣場跑到手指及手腕。
 1mm 5mm 5mm	感覺沒變化。

此實驗是研究水晶氣場與不同幾何形狀坤卦的交互作用，坤卦兩陰爻長度固定為5毫米，右欄是當左右陰爻相距為5毫米時，改變上下三陰爻距離；左欄是將上下三陰爻相鄰兩陰爻距離固定為5毫米，但是左右三陰爻距離從8 毫米縮減為6毫米、3毫米、1毫米。

法沒有道理，如「道生一，一生二，二生三，三生萬物」，數位的世界是由〇與一構成的，應該是二生萬物，而不是三生萬物。他的說法提醒了我乾卦有三條直線，八卦生萬像，為什麼是三條而不是兩條直線？

有一天早上，我睡醒了躺在床上思考乾卦的規則，上下兩條長度為L的陽爻，在時空創造了兩條印痕間隔的距離是2L，如果第三條同樣長度L的陽爻加上去，剛好在中間，它影響的範圍是自己的長度：上下各L，剛好接觸到上下爻。這樣的影響拉動上下爻應該會讓乾卦旋轉起來，如左圖4-8所示。

圖4-8　乾卦三爻間距對稱的秘密

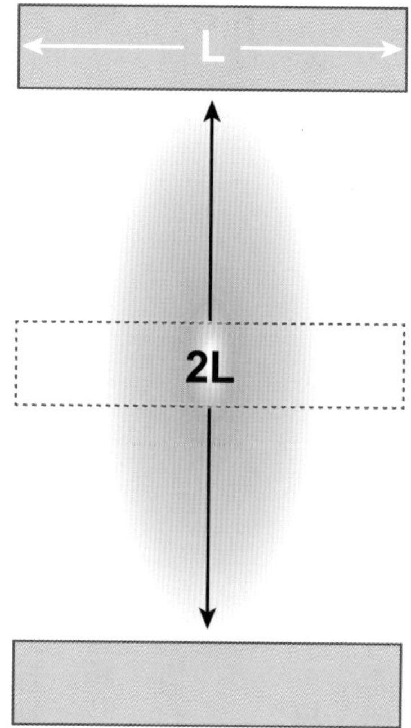

Point !

上下兩條長度為L的陽爻，在時空創造了兩條印痕間隔是2L。如果第三條同樣長度L的陽爻加上去，剛好在中間，它影響的範圍剛好是自己的長度：上下各L，剛好接觸到上下爻。這樣的影響會拉動上下爻讓乾卦旋轉起來。

因此，我請T小姐用手指識字來辨識兩卦的虛像，結果如左圖4-9及一六二～一六三頁圖4-10所示。

二〇一四年，我們第一次做實驗試乾卦時如圖4-9第一列所示，乾卦的虛像在天眼出現後，真的順時針轉了一圈就消失了，我非常興奮預言成真了。圖4-10右欄第二列的天地卦中，乾卦被掃描進天眼後，也是順時針轉一圈就消失了，這表示乾卦的虛像有順時針旋轉的傾向。

但是，二〇一五年做同樣實驗時，如圖4-9第二列所示，乾卦虛像並沒有旋轉，令人困惑不已。

後來，我注意到乾卦圖案似乎太大了，超過五乘五平方公分背景紙張大小的三分之一，表示乾卦虛像大小可能超出背景紙張的虛像大小，讓乾卦虛象的旋轉受到背景紙張正方形虛像的干擾。

果然，二〇一六年我們縮小乾卦在紙上的大小，如圖4-9第三列所示，乾卦虛像果然在天眼中轉了一圈就消失了。這表示虛像的運動會受到背景紙張的虛像形狀所干擾。

圖4-9　T小姐用手指識字辨識「乾卦」

日期：2014年3月5日		
正確答案	透視結果	實驗記錄
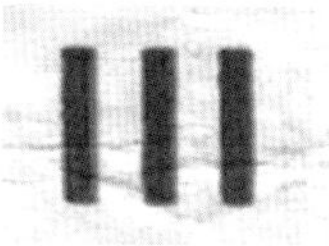		・11：56：30　開始。 ・12：01：20 　（圖）出現，順時鐘轉一圈再消失。 ・12：01：50　結束。

日期：2015年1月19日		
正確答案	透視結果	實驗記錄
		・12：17：00　開始。 ・12：21：00 　（圖）出現，沒有動態。 ・12：21：40　結束。

日期：2016年2月22日		
正確答案	透視結果	實驗記錄
		・17：34：50　看到閃了一下。 ・17：35：23　附近開始產生反應。 ・17：36：14　看到乾卦轉一圈之後，就不見了。

圖4-10　T小姐用手指識字辨識「坤卦」

日期：2014年3月5日		
正確答案	透視結果	實驗記錄
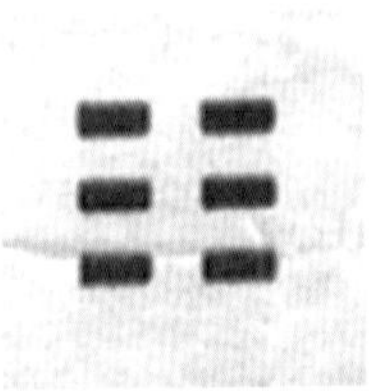		・10：48：45 開始。 ・10：54：40 坤卦出現，向四周散掉。 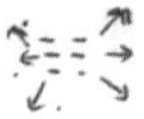 ・10：55：30 結束。

日期：2014年3月6日		
正確答案	透視結果	實驗記錄
天地卦 	乾卦  坤卦 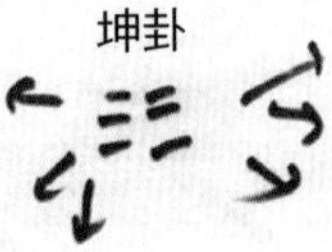	・12：17：56 開始。 ・12：22：27 出現，出現又散去，繼續感應。 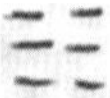  ・12：24：03 出現，轉一圈就消失。 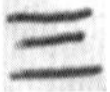 ・12：29：01 結束。

日期：2015年1月19日		
正確答案	透視結果	實驗記錄
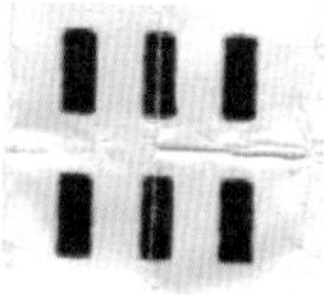	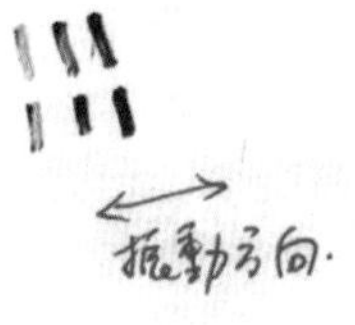	・12：08：00 開始。 ・12：14：00 出現  ←|||→，左右震動  ←→ ，整體震動。 ・12：15：00 結束。

日期：2015年1月22日		
正確答案	透視結果	實驗記錄
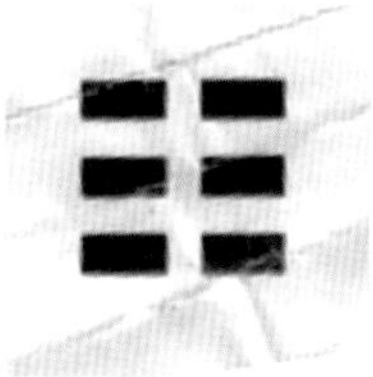		・17：41：44 感覺有反應。 ・17：42：27 產生忽遠忽近的進出動作。 ・17：43：32 仍是遠近交互的動作。

圖4-10右欄第一列顯示的是T小姐用手指識字來辨識坤卦時的實驗結果，坤卦是兩個相鄰的小乾卦組成，每個小乾卦理論上都要各自順時針旋轉，此時六個爻的虛像會互相干擾卡住旋轉，結果兩小乾卦互相推擠爆炸開來，第二列的天地卦下方的坤卦被天眼掃描進去以後，也是六根陰爻炸開。但是左欄第一列顯示的是二〇一五年一月十九日所作的手指識字實驗，坤卦進入天眼後並沒有炸開，而是左右震動，整體震動。

一月二十二日重複再做一次手指識字實驗坤卦，這一次坤卦進入天眼產生忽遠忽近的進出動作，好像六根陰爻本來要要炸開，但是碰到背景紙張虛像的邊框又被彈回來，繼續震盪。這個行為解釋了圖4-7水晶氣場穿過坤卦的行為，打到坤卦的部分氣場穿入虛空，被坤卦虛象的炸開行為，把實數時空氣場向前帶到了指尖，或向後帶到了手腕部位。

水晶氣場穿越電腦印製的乾卦或坤卦會產生什麼動態行為呢？

左圖4-11是二〇一四年試驗兩個不同大小乾卦的結果，都是順時針轉一圈，與手指識字結果完全一樣。這表示水晶氣場打到乾卦後，一部分

圖4-11　水晶氣場穿越電腦所繪乾卦的實驗結果

日期：2014年3月5日	
阻隔物	實驗結果
☰	看見乾卦轉一下就沒了。
☰	看見乾卦轉了一次。

氣場會穿入虛空，與乾卦虛像作用，開始順時針旋轉，經過實虛糾纏帶動實數時空的氣場也順時針轉一圈，多麼令人驚嘆的結果，八卦神秘的面紗被我們掀起了一個角落。

二〇一六年實驗時，我們注意到背景紙張形狀的影響，因此除了用正方形紙張外，也開始用五公分直徑的圓型紙張，如一六八〜一六九頁圖4-12所示。

右欄第一列及第三列用正方形紙張，乾卦約為一・五公分到兩公分的正方形大小，結果T小姐感覺到氣場要轉不轉，轉不太動，顯然被正方形的背景紙張虛像卡住，如紅圈所示。

右欄第四列是與上面第一列一樣大小的乾卦，但是改用五公分直徑的圓型紙張，結果氣轉動起來，不受紙張邊框的限制，而且一直轉不停，感覺是在鑽手心，如藍圈所示。

右欄第五列為正方形上有坤卦，但沒有任何反應，沒有炸開的行為，但是左欄第一列改為圓形背景紙張時，氣場向前跑到指尖。這表示邊框效應一旦去掉，坤卦會炸掉把氣場帶往食指間。

這也解釋了一四七頁圖4-5氣場穿越用原子筆畫的小乾卦為何是刺刺的，因為乾卦尺寸太小，不會碰到背景紙張，故氣場穿入虛空帶著乾卦虛象一直在旋轉而產生刺刺的緣故。

圖4-12 水晶氣場與乾卦、坤卦作用，顯示出紙張形狀效應

日期：2014年3月5日	
阻隔物	實驗結果
乾 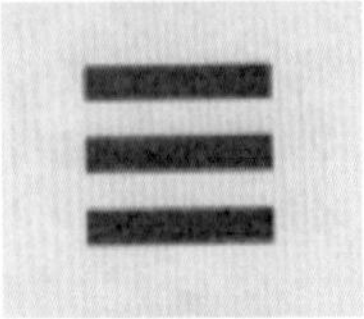	・10：32：05 開始。 ・10：33：25 放置，有一點旋轉。 ・10：34：25 感覺感覺要轉，但沒轉。
坎 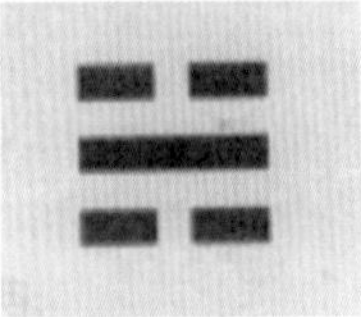	・10：35：40 放置。 ・10：36：00 感覺一點點刺刺的。
乾 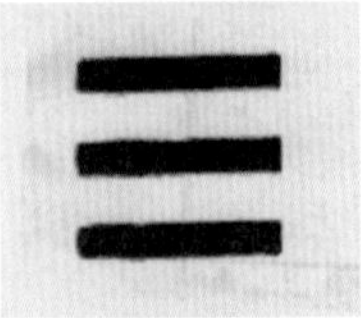	・10：36：05 放置。 ・10：36：40 感覺要轉，但轉不動。
乾 	・10：37：40 放置。 ・10：37：55 感覺在鑽手心。 ・10：38：10 再放置。 ・10：38：25 感覺一樣在鑽手心。
坤 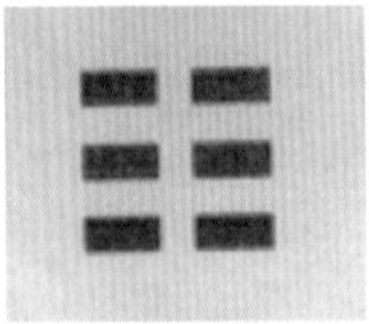	・10：39：10 放置。 ・10：39：35 再放置。 ・10：39：45 感覺沒變化。 ・10：40：05 再放置。 ・10：40：15 感覺沒變化。

阻隔物		實驗結果
坤	☷	・10：40：38 放置。 ・10：41：00 再放置。 ・10：41：30 感覺跑到指尖。
震	☳	・10：41：50 放置。 ・10：42：10 放置。 ・10：42：25 再放置。 ・10：42：35 感覺有一點點刺刺的。
離	☲	・10：43：05 放置。 ・10：43：20 再放置。 ・10：43：25 感覺沒變化。
兌	☱	・10：44：45 放置。 ・10：44：55 再放置。 ・10：45：20 感覺有一點溫溫的。
坎	☵	・10：45：55 放置。 ・10：46：10 感覺刺刺的。 ・10：46：30 感覺全都有一點一點刺刺的。

右欄第一列及第三列的「乾卦」約為1.5公分到2公分的正方形大小，結果T小姐感覺到氣場要轉不轉，轉不太動，被背景正方形紙張的虛像卡住，如紅圈所示。右欄第四列是與第一列一樣大的乾卦，但改用5公分直徑的圓型紙張，結果氣轉動起來，不受紙張邊框的限制，而且一直轉不停，如藍圈所示。

其他八卦圖形所引發的動態行為

上面我們詳細地研究了乾卦及坤卦在虛空的動態行為，以及水晶氣場穿過兩卦後的變化，讓我們知道八卦的神秘是隱藏在虛數空間中，而剩下的其他六卦有沒有相似的行為呢？

首先，我們來看看手指識字中坎卦的實驗結果，如左圖4-13所示，二〇一四年的實驗沒有成功，坎卦的虛像在天眼中沒有動作。但是二〇一五年一月十九日的實驗，坎卦出現後，以繞小圈的方式在動，像是在轉圈子一樣。

圖4-13　T小姐用手指識字看坎卦

日期：2014年3月6日		
正確答案	透視結果	實驗記錄
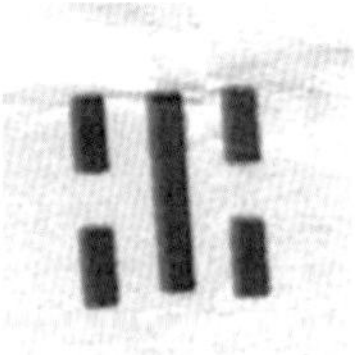		‧11：29：12　開始。 ‧11：32：45　出現  ，繼續感應，但只出現過一次，無動態行為。 ‧11：34：09　結束。

日期：2015年1月19日		
正確答案	透視結果	實驗記錄
		‧11：56：00　開始。 ‧11：59：00　出現  ，整個以繞小圈的方式在動，像在轉圈子。 ‧12：00：00　結束。

左圖4-14展示的是T小姐用手指識字看震卦（顛倒是艮卦）的實驗結果。二〇一四年三月六日第一次實驗時的結果很特殊，震卦虛像在天眼出現後，左邊的陽爻突然失蹤跑掉了，只剩右邊兩根陰爻。

二〇一五年一月十九日實驗後終於搞清楚了，原來震卦的虛象會隨陽爻一起運動，前一年的實驗是陽爻動了，而旁邊兩個陰爻沒有跟上的緣故。其他三卦「離」、「巽」、「兌」卦則無法在手指識字實驗中成功看到動態行為。但是從水晶氣場穿越這些卦象中，卻全部看到了八卦虛象在靈界的動態行為。

例如，一四七頁圖4-5中右欄第一列中氣場穿越「巽」卦，或轉一百八十度的「兌」卦，會變成一陣陣忽大忽小的動態行為。右欄第三列穿越「離」卦，T小姐會感覺到涼涼的，都有變化。在一六九頁圖4-12中，也可以看到氣場穿越「兌」卦會變成溫溫的，穿越「坎」卦會變成刺刺的，表示氣場在旋轉。

圖4-14 T小姐用手指識字看震卦（顛倒後是艮卦）

日期：2014年3月6日

正確答案	透視結果	實驗記錄
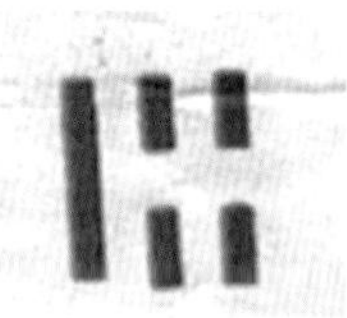	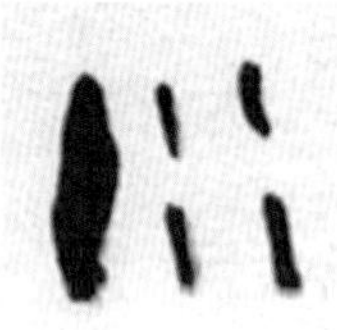	・11:34:44 開始。 ・11:40:22 出現  （同時出現，最左邊的 一閃即逝，剩右  ）繼續感應。 ・11:41:39 結束。

日期：2015年1月19日

正確答案	透視結果	實驗記錄
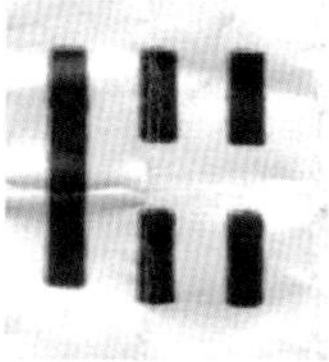		・12:01:50 開始。 ・12:06:00 出現  往下掉，整體掉下去。 ・12:07:00 結束。

道家的佈陣

由這些八卦在虛空的動態行為，我們就知道古代道家如何佈陣來產生時空的動態行為，經過氣場穿越陣法或空間物體的擺設，再投射到物質的實數空間，讓經絡敏感型的人能感受到，這就是風水的科學根據及奇門遁甲佈陣的科學原理。

左圖4-15是我的朋友道家W先生教我所佈的第一個陣法，在五乘五平方公分的紙上印著四張震卦，從上到下貼在十字型的角落，每張依序各轉九十度，十字形的每條臂長十五公分。

我們用水晶氣場或撓場產生器把撓場從紙中央打出去，氣場碰到紙面會有部分進入虛空，被震卦虛像的陽爻帶動一起運動，先向右、再向下、再向左，然後向上，等於轉了一圈，在紙中心後方一段距離形成一

圖4-15　道家W先生所佈陣法

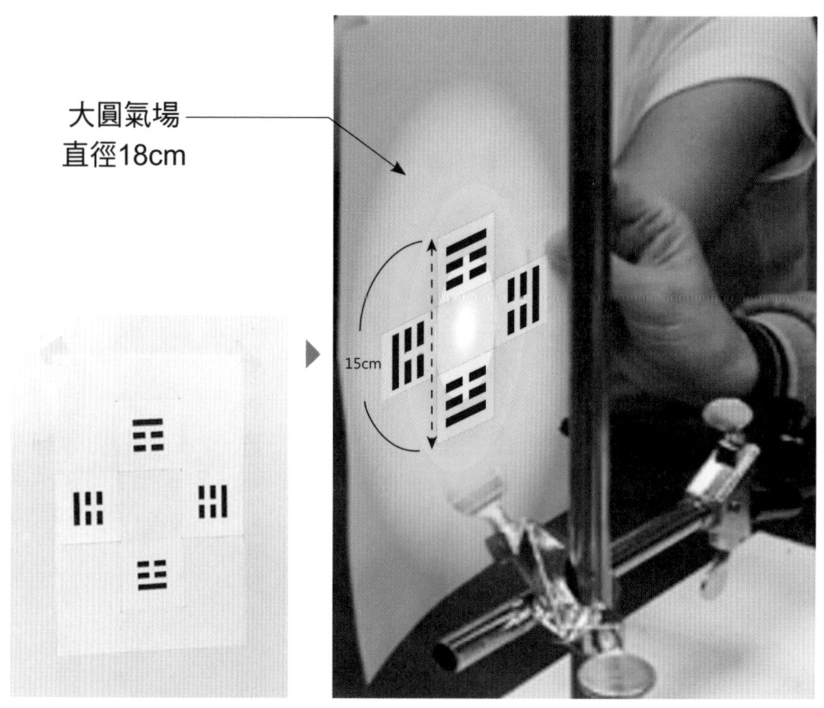

用水晶氣場把撓場從紙中央打出去，氣場碰到紙面會有部分進入虛空，在紙中心後方一段距離處，感覺到出現一個大圓，直徑約18公分。

個大圓氣場，直徑約有十八公分。經絡極度敏感的人都能感覺到空間有這一團圓型的氣場。這是我有生以來第一次實際觀察及驗證的一個時空陣法，打出去的氣場產生了與理論相符合的氣場結構，道家千年來操控空間的學問在此解密。

本章所提供的證據，我們很清楚地了解到，撓場也就是水晶氣場，可以穿梭陰陽界，溝通兩個世界。

由此，我們了解中國傳統的風水就是在處理環境居家中物件的擺設所形成的幾何結構，並用風或水調整氣場的位置與大小。因為氣場會鑽入虛空，將虛空中物體虛象所形成幾何結構的動態行為投影到物質的實數時空，我相信氣場也將虛空的不同意識體或過去未來的信息帶入物質世界的陽間，造成相關人士身體的不同感應，以產生吉凶禍福的結果。因此我相信撓場穿梭陰陽的氣場行為，就是中國傳統風水的科學基礎。

第五章

二十一世紀的撓力文明

十九世紀末，特斯拉發明多相交流馬達，
促成了二十世紀電力文明的開展，
他也提出幾項當時認為科幻的創新概念。

這些基於撓場作用的概念，
及撓場偵測器的發明，
將會在二十一世紀促成撓力文明。

氣場與分子模型及幾何結構的交互作用

在第三及第四章中我們看到了水晶氣場穿越神聖字彙、螺旋圖及八卦圖案後的結果，發現了氣場可以穿梭陰陽界的神秘特質，原來氣場打到紙上寫的文字或圖案後，會有部分氣場穿隧進入靈界，引發這些文字圖案的虛像產生動態行為。這些靈界動態的氣場會與留在物質界實數空間的氣場勾勾纏，物理上的術語叫做「實虛糾纏」，因此可以把靈界的行為投射回實數空間的氣場，而被功能人感知，讓我們可以了解這些幾何圖案的虛像在靈界的行為。

這讓我們很好奇想去瞭解更多靈界的幾何問題，例如，不同結構的分子模型，它們虛象的動態行為有什麼不同？有沒有遵循一些規則？同個分子的大小尺寸不同，它們的虛像會產生相同或不同的動態行為嗎？

一八〇頁圖5-1的是T小姐感受水晶氣場穿越不同分子模型的實驗照片。她帶著眼罩，因此並不知道我們放在中間的分子模型是什麼，同樣的分子要重複放置兩到三次，直到她確定感覺清楚以後才算完成。接下來，我們會一一討論實驗的結果，看看能不能歸納出一些共通的原則。

簡單分子模型與金字塔結構

首先，我們嘗試用簡單分子模型如乙醇／酒精（C_2H_5OH）與甲烷（CH_4）及紙做的幾何結構如金字塔與大型DNA模型（長四十公分，直徑十四公分），如一八二～一八三頁圖5-2所示。

如圖5-2右欄第一列所示，氣場穿過乙醇分子會從靜態的一個圓點，變成一陣一陣的動態氣場；但是穿過左欄第一列的甲烷正四面體分子（碳原子在正四面體中心，四個氫原子在正四面體的四個角落），卻是以碳原子為核心成球形向外擴散，她感覺氣場向四周均勻的擴散強度

圖5-1　T小姐感覺氣場穿越分子模型的實驗

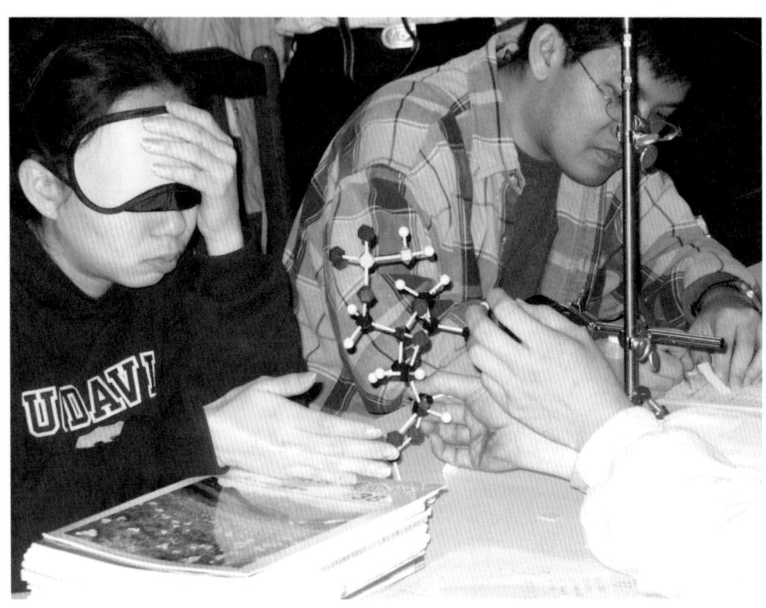

T小姐帶著眼罩，因此並不知道我們放在中間的分子模型是什麼分子，同樣的分子會重複放置兩到三次，直到她確定感覺清楚以後才算完成。

相同。這表示球形對稱的分子引發球形對稱的氣場分布；乙醇分子中，碳—碳—氧三個原子約略呈一百多度夾角的主軸化學鍵，加上五個碳—氫、一個氧—氫周邊化學鍵的作用，導致氣場被不同原子來回散射，變成一陣陣的動態氣場，很明顯的是，分子的幾何結構就決定了氣場在空間散佈的形式。

圖5-2右欄第二列是一個紙做的金字塔，幾何上來說是一個四角錐，底部是一個正方形，我們發現用水晶氣場，不管從哪一個方向入射金字塔，出來的氣場方向只有兩個，一個是從金字塔尖頂射出比較強，另外一個方向是從金字塔底面正方形均勻地射出來的氣場比較弱。這告訴我們，金字塔頂尖的指向是有意義的，氣場一旦穿隧入虛空靈界，就可以沿這個方向，以超越光速的速度射向宇宙深處。有一些研究金字塔秘密的書籍聲稱，金字塔尖端指向的星座，就是與這星座外星人通訊之用，看來有點道理。我也看過很多書籍，聲稱把食物放在金字塔中可減緩發霉或腐敗的速度，我雖然沒有做過類似的實驗，但是看過一些中小學生

圖5-2　水晶氣場與簡單分子模型、紙製金字塔、DNA模型作用

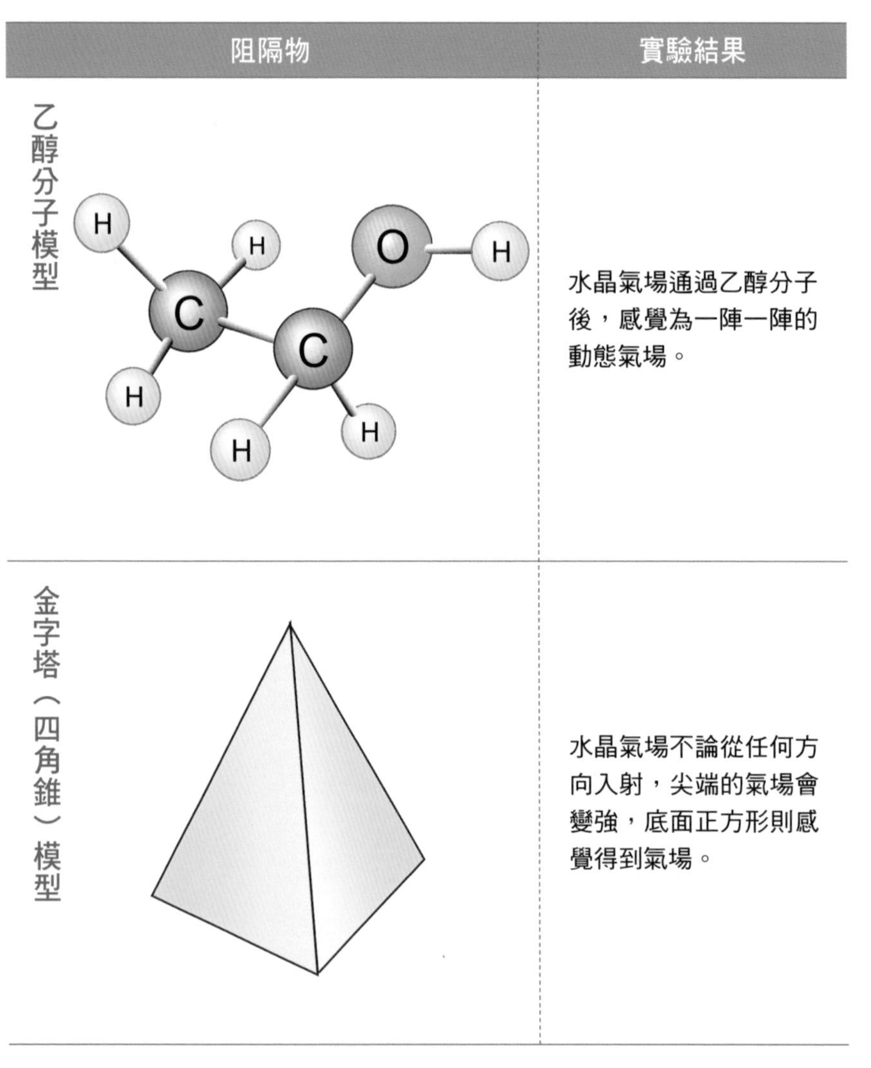

阻隔物	實驗結果
乙醇分子模型	水晶氣場通過乙醇分子後，感覺為一陣一陣的動態氣場。
金字塔（四角錐）模型	水晶氣場不論從任何方向入射，尖端的氣場會變強，底面正方形則感覺得到氣場。

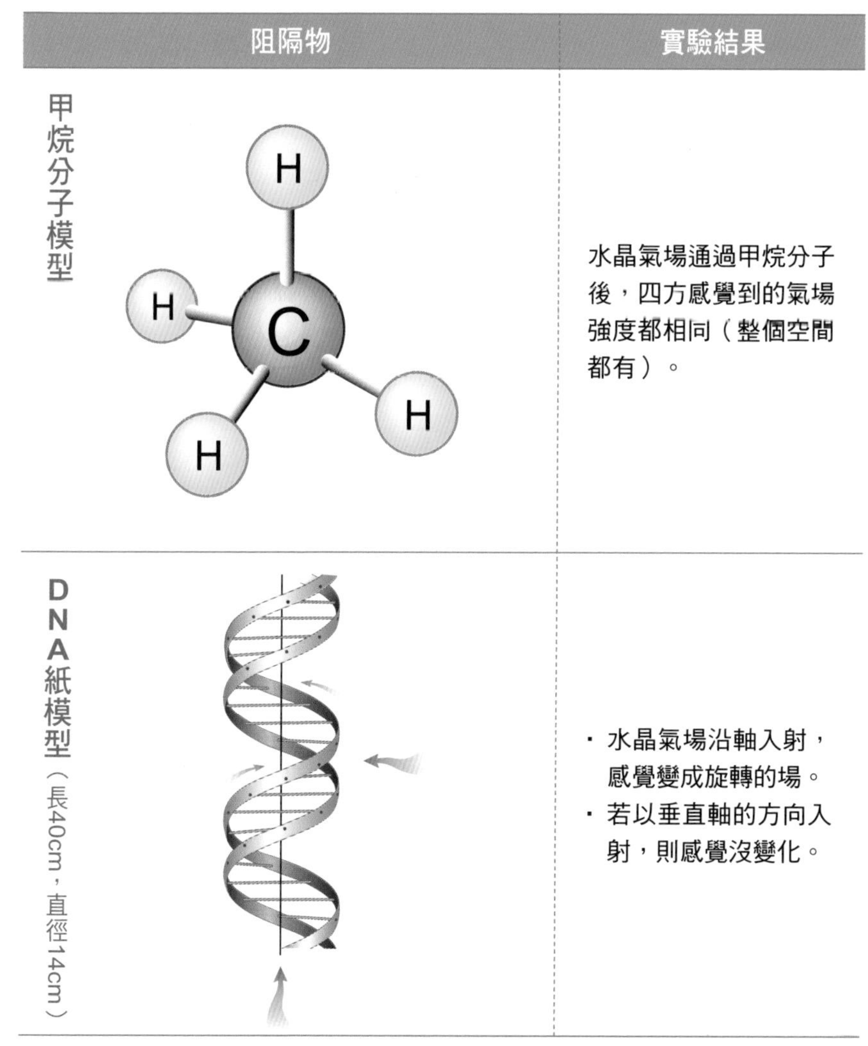

阻隔物	實驗結果
甲烷分子模型	水晶氣場通過甲烷分子後，四方感覺到的氣場強度都相同（整個空間都有）。
DNA紙模型（長40cm，直徑14cm）	・水晶氣場沿軸入射，感覺變成旋轉的場。 ・若以垂直軸的方向入射，則感覺沒變化。

的科展部分證實了這些現象，我猜想這跟金字塔內氣場的分布有關。

圖5-2最後一個實驗是左欄第二列的紙做DNA模型直徑十四公分，長度為四十公分，如果氣場沿DNA軸方向入射，則氣場會順著DNA旋轉方向旋轉，類似第三章圖3-14所示，氣場順著阿基米德螺旋旋轉一樣。如果氣場是沿著垂直DNA軸方向入射，則完全不受影響，會直穿而過。

蛋白質分子模型

這一節內容中，我們考慮五個蛋白質分子模型與氣場的交互作用，如一八六～一八七頁圖5-3所示。

圖5-3右欄第一列是血清素（Serotonin）分子模型，血清素為苯雙環型神經傳導物質，主要存在於動物的胃腸道、血小板和中樞神經系統中，它被普遍認為是幸福和快樂感覺的貢獻者。如果氣場沿著分子平面

垂直入射，則氣場被調成動態沿著平面來回掃描。如果氣場沿著平面平行入射，結果變成氣場在分子平面上下方來回走，都變成動態行為，如圖5-3右欄第二列所示。

右欄第三列是抗癲癇藥物Topiramate的分子模型，是一位神經科醫師所製作的，也是他用來治癲癇病人常用的藥物。T小姐的反應非常奇特，除了在拇指食指及手背有刺刺的感覺，在拔掉一個官能基以後，刺刺的感覺就消失了。實驗十分鐘後，她出現了四肢麻感、胃不舒服的反應，這位神經科醫師在旁邊馬上說這是吃藥反應！真令人震驚，我們只是把分子模型的信息用氣場打在T小姐手掌上，她竟然出現了吃藥反應。這個分子模型大小，是真的藥分子一千萬倍大，但是沒有影響它對身體產生的作用。這告訴我們人體內一件重大的秘密，生理上生物化學的作用來自分子的幾何結構信息，與分子尺寸的大小沒有關係，藥不一定要用吃的，只要藥的空間幾何結構信息被氣場送入身體，就會發生吃藥反應，這對我們以後用藥治病有非常大的啟發作用。

圖5-3　水晶氣場與蛋白質分子模型之作用

阻隔物		實驗結果
血清素分子模型	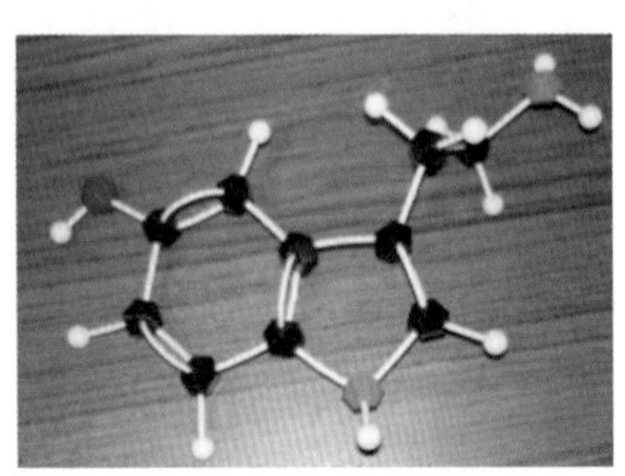	氣場沿血清素分子平面垂直入射，感覺在手上左右快速移動。
血清素分子模型	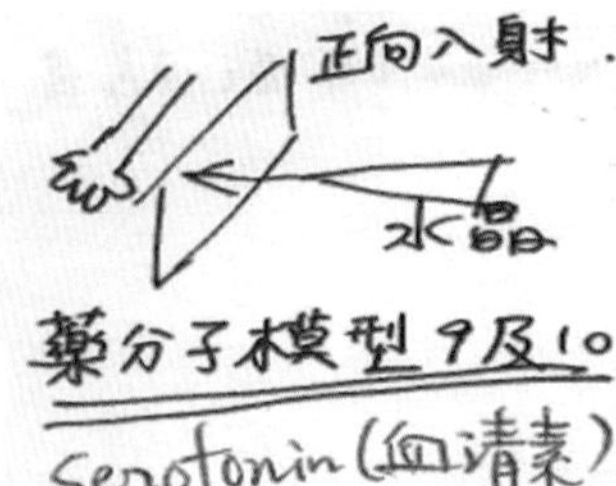	氣場沿分子水平面入射，感覺在手上沿分子平面、上下方來回走。
抗癲癇藥物（拆掉一個官能基）	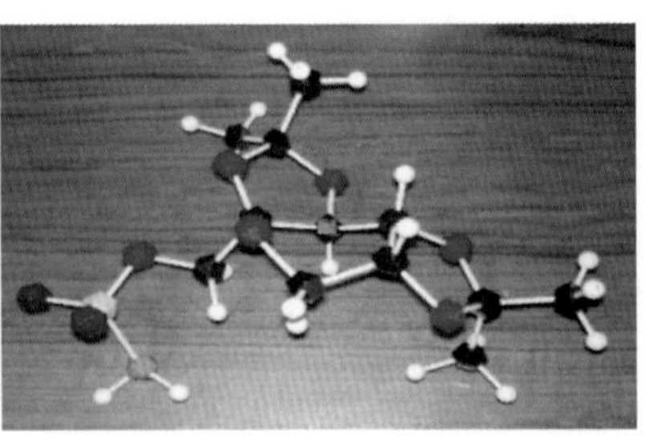	・感覺手掌背面、拇指、食指，共三處刺刺的。 ・10分鐘之後，出現四肢麻感、胃不舒服的吃藥反應。 ・拆掉官能基後，則沒有感覺。

阻隔物		實驗結果
腎上腺素	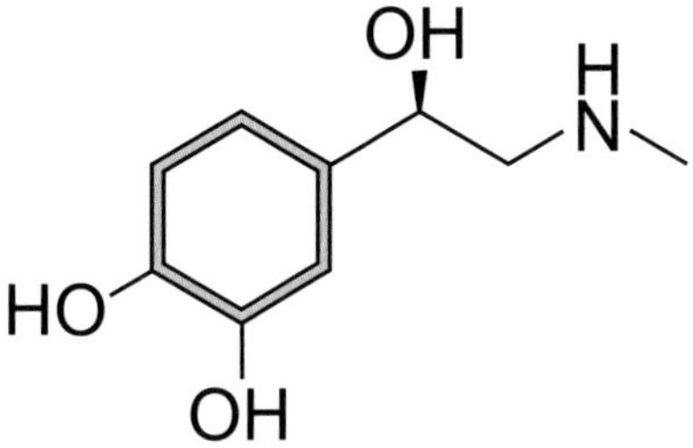	感覺氣場在手掌上呈現出線性跳動。 
正腎上腺素	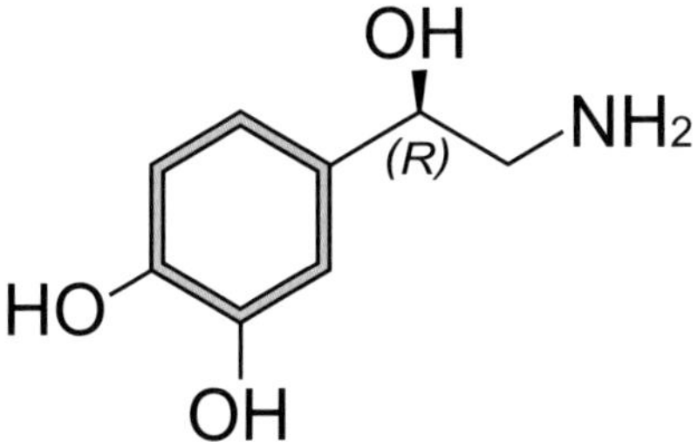	感覺氣場在手背停住。
乙醯膽鹼	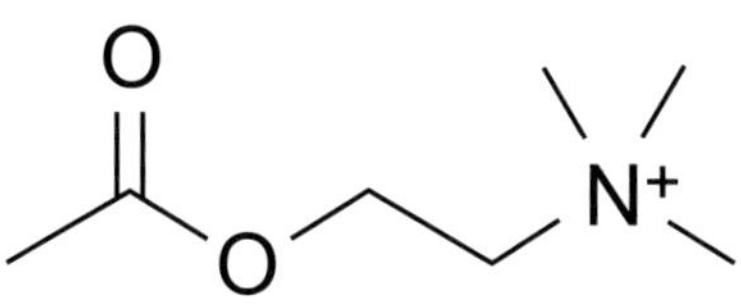	感覺沒變化。

一八七頁圖5-3左欄第一列到第三列展示三個分子：腎上腺素、正腎上腺素與乙醯膽鹼與氣場的作用。

圖5-3左欄第一列的腎上腺素是一種激素和神經傳送體，由腎上腺釋放。腎上腺素會使心臟收縮力上升，使心臟、肝臟和筋骨的血管擴張和皮膚、黏膜的血管收縮，是遭遇危難的人或動物會分泌的激素。腎上腺分子會造成氣場在手掌到手腕上呈直線點狀跳動；第二列的正腎上腺素是一種腎上腺素受體激動藥，有收縮血管、升高血壓的作用，它會讓氣場跳停在手背。第三列的乙醯膽鹼是神經傳導物質，由神經軸突末梢釋出之後，會穿過突觸間隙和突觸後神經元或運動終板的細胞膜上之受體結合。從實驗結果發現，乙醯膽鹼對氣場沒有影響。看來扮演激素角色的分子結構，都會造成氣場跳動，也許是沿氨環分子軸方向。

有關分子尺寸大小的作用，我們還有一組數據可以說明，如一九〇～一九一頁圖5-4所示，多巴胺（Dopamine）分子模型，不論是用3D列印的小模型，或是塑膠球加桿子組成的大模型，形狀完全一樣，只是大小差了二十五倍以上。氣場通過這兩種分子後，都會在手掌上很多地方跳來跳去，反應完全一樣。

因此，幾何結構才是生化反應的王道，跟尺寸大小沒有關係，這也暗示在虛數時空中，氣場與幾何結構作用的原理是「形形相印」，只要幾何結構相同，而非絕對尺寸相同，就會產生相同反應的規律。

我們嘗試了許多胺基酸與蛋白質分子模型對氣場的反應，最後可以歸納出三個結論：

❶ 分子內苯環的胺基酸結構帶有特別的訊息。

❷ 單環鹼基的多巴胺或腎上腺素類，帶有引發氣場跳躍的訊息（手指到手心感覺到氣場跳動）。

❸ 雙環鹼基類似嘌呤類分子的血清素、色胺酸、褪黑激素類，會掃描氣場到指尖產生刺刺的感覺。這表示氣場打到分子模型穿入虛空單苯環的虛像，導致跳躍的氣場，而雙環鹼基的虛像導致擴大的氣場，帶動實數世界的氣場來回走或擴大碰到手掌邊界的指尖，而感到刺刺的。

圖5-4　不同尺寸的多巴胺分子與氣場的作用

日期：2016年2月23日	
阻隔物	實驗結果
血清素（3D列印小分子模型） 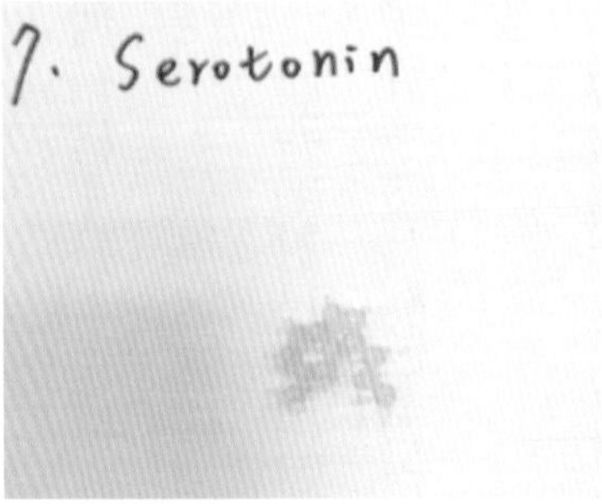 7. Serotonin	・11：29：40 放置分子模型。 ・11：30：00 氣場在手心感覺變大一點。 ・11：30：20 再次放置。 ・11：30：30 感覺一樣。
多巴胺（3D列印小分子模型） 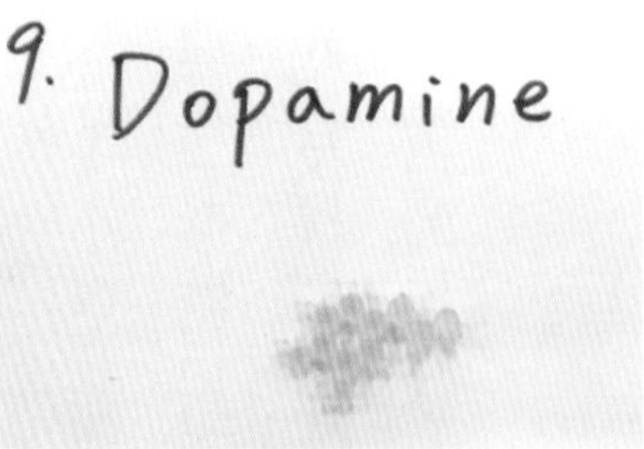 9. Dopamine	・11：32：00 放置分子模型。 ・11：32：20 再次放置。 ・11：33：00 再次放置。 ・11：33：30 感覺氣場會跳來跳去。

日期：2015年1月20日	
阻隔物	實驗結果
血清素（大分子模型）	垂直放置分子模型：氣場瞬間跑到拇指、食指、中指指尖。
多巴胺（大分子模型）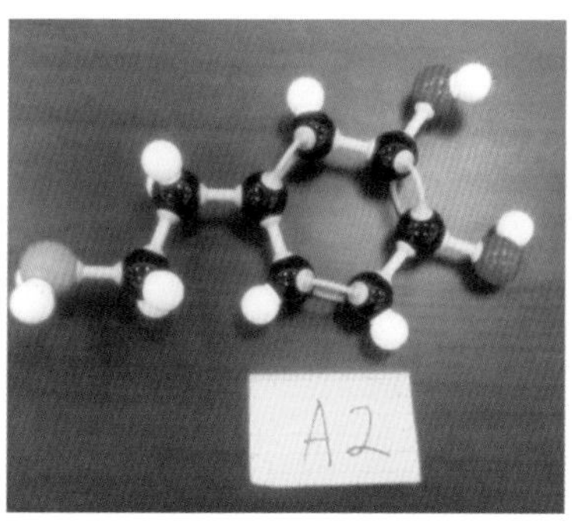	・垂直放置分子模型：試兩次，手心很多地方有跳動的感覺。 ・水平放置分子模型：感覺刺刺的，強度不變，氣場沒有到手背。

晶體模型與實物有相同的反應

物質世界的固體都是由原子構成，如果固體中原子的排列有週期性則形成晶體，這些晶體與氣場的交互作用又是如何呢？我們也作了一些實驗來了解晶體的單位晶格模型與晶體本身，如一九四～一九五頁圖5-5所示。

右欄是一個六角柱的單位晶格的反應，六角柱的底面是一正六邊形，每邊長度相同夾角為一百二十度，六邊形中心有一原子，垂直底面的C軸長度較長。氣場沿平行或垂直C軸方向入射，如第一列或第三列所示，氣場強度都被放大，導致食指、拇指或中指麻，原來六角柱晶格也對氣場有放大作用與神聖字彙一樣。如果沒有氣場入射，如第二列圖所示，感覺不變。這表示適當的3D空間幾何結構也會散射氣場來回震盪產生放大作用。

圖5-5左欄展示的是以鑽石結構為基礎的重要半導體材料的晶格及

實體。第一列是三五族化合物半導體材料砷化鎵（GaAs）可以做高速及光電半導體元件，它的結構是以鑽石結構為基礎，每一晶格點放一對砷（藍色）及鎵（紅色）原子做基底，當氣場穿過晶格原子3D模型（紅藍相間）手上到處都有點狀刺刺的感覺。如果氣場穿越一片半月形的真正砷化鎵晶片，如第二列所示，結果也是一樣，手上感覺半月形刺刺的，反應完全一樣，再度證實不論模型尺寸相差多大，相同的結構導致相同的氣場分布。第三列是半導體矽雙面拋光的晶片，矽是積體電路最重要的材料，是真正的鑽石結構，把第一列紅藍相間的原子模型改成一樣的顏色，就是矽的原子結構，結果氣場穿過矽晶片也是感覺到刺刺的、溫溫的，好像還有一點放大作用。刺刺的感覺表示打到晶格原子散射的氣場產生干涉的渦漩小氣場，像小錐子一樣刺到手掌。

接著，我們來看氣場與體心立方晶格的交互作用，如一九六頁圖5-6第一列所示。體心立方是一個立方體晶格，長寬高一樣長，兩兩夾角成九十度，正方體中心有一個原子，所以叫做「體心立方」。

圖5-5　氣場與六角柱與鑽石晶格的作用

阻隔物	實驗結果
	食指與中指有麻感，感覺到能量放大，從10～12。
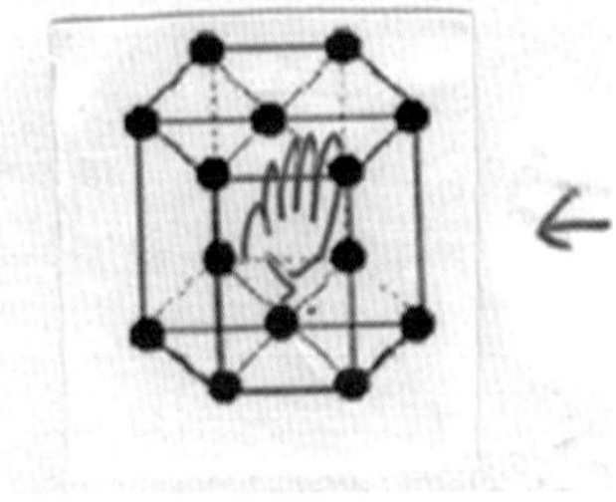 ← 沒有用水晶照射	手在晶格中感應，感覺沒有變化。
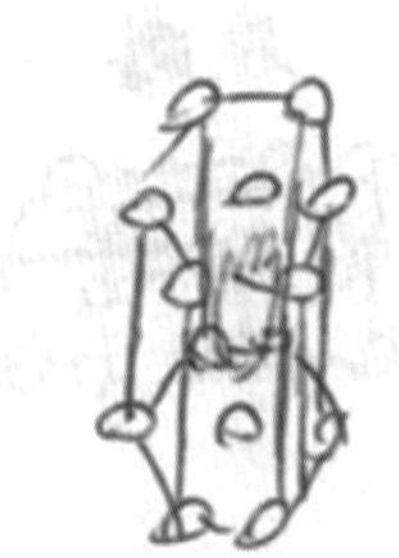 ← 水晶氣場	感覺能量放大，氣場在手上轉，在食指及拇指、下手掌處走。

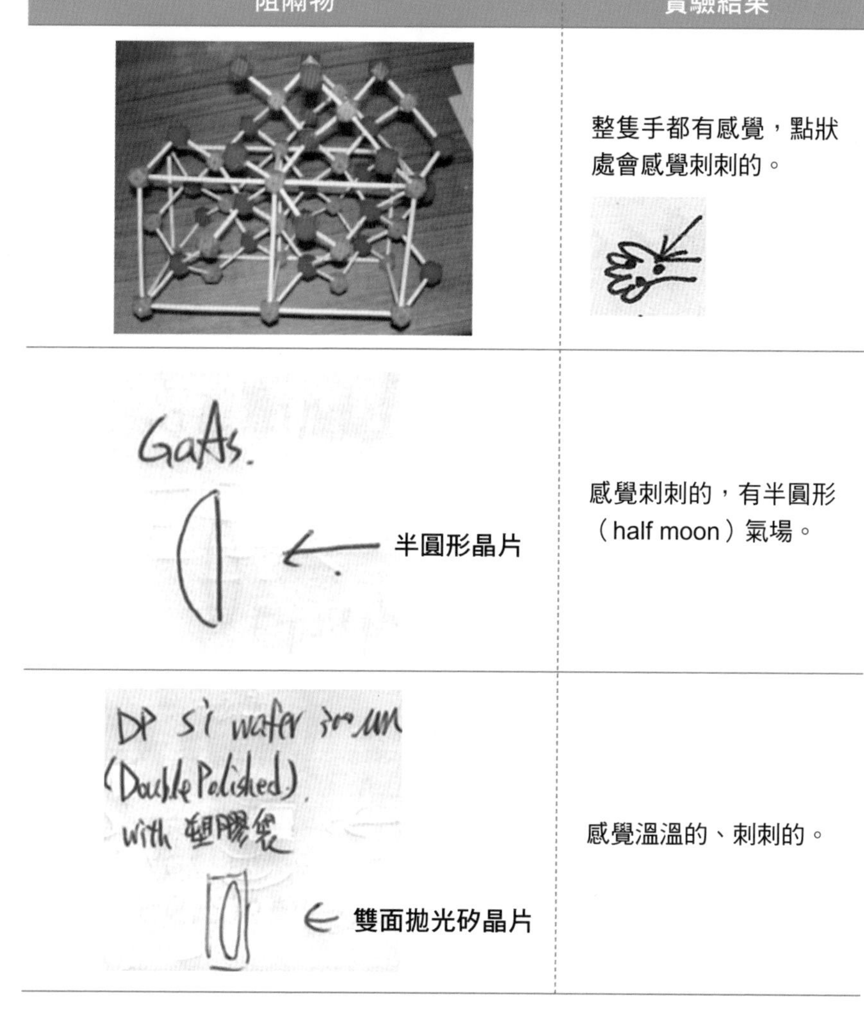

阻隔物	實驗結果
	整隻手都有感覺，點狀處會感覺刺刺的。
GaAs. 半圓形晶片	感覺刺刺的，有半圓形（half moon）氣場。
DP si wafer 300um (Double Polished) with 塑膠袋 雙面拋光矽晶片	感覺溫溫的、刺刺的。

圖5-6　氣場與體心立方晶格和松果的交互作用

阻隔物	實驗結果
體心立方晶格 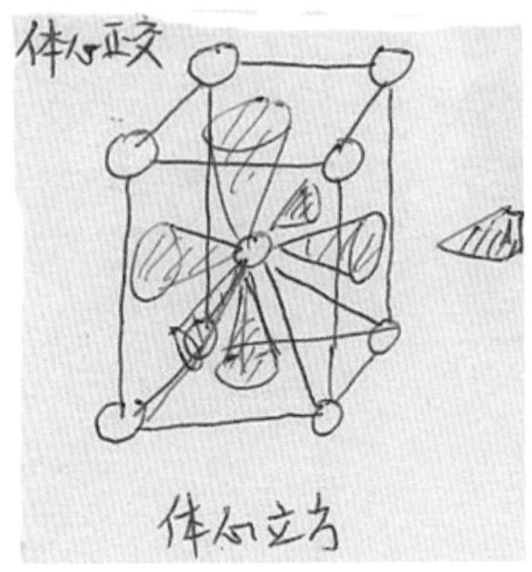 	・感覺氣場強度變強一點，從10～11，也比原來範圍大。 ・感覺得到一點一點的，四周有點強度，也都是一點一點的。氣場的形狀大概是錐體（cone），往上下左右的方向散開。
松果 	氣場不論垂直或平行入射，都感覺到動態和刺刺的。

當氣場打向晶格，中心原子上下、左右、前後的六個方向都會出現一個錐狀氣場分布，強度也稍微變強一些，約百分之十。

右圖5-6第二列顯示的是氣場穿過一個大松果的實驗，松果就是大腦內松果體的替代模型，它的幾何立體結構與松果體相似。結果，氣場不論是垂直或平行松果軸向射入，都是變成動態且刺刺的感覺，這也告訴我們：大腦松果體會與穿梭陰陽的氣場產生強烈交互作用。

藥分子鑰匙開鎖治病原理

人體細胞內的遺傳物質DNA是由四種分子：腺嘌呤（Adenine），胸腺嘧啶（Thymine），鳥嘌呤（Guanine）和胞嘧啶（Cytosine）組成，簡稱為A、T、G、C，其中AT與GC分子兩兩配對，分子形狀會互補，如一九八頁圖5-7所示。

當我們用水晶氣場穿越單個G分子模型（雙環鹼基分子），可以感

圖5-7　氣場穿越單獨G或C分子，導致互補的動態氣場

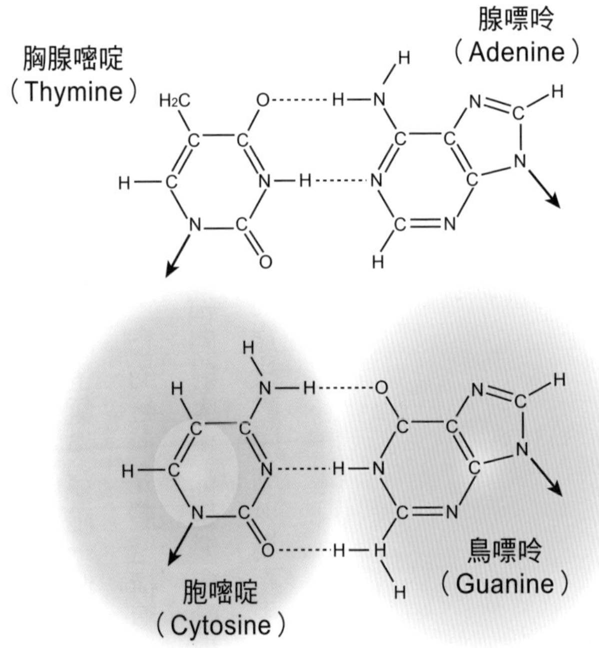

胸腺嘧啶（Thymine）

腺嘌呤（Adenine）

胞嘧啶（Cytosine）

鳥嘌呤（Guanine）

GC配對，經氣場穿越，不會改變

Point !

人體細胞內的遺傳物質DNA是由四種分子：腺嘌呤（Adenine）、胸腺嘧啶（Thymine）、鳥嘌呤（Guanine）和胞嘧啶（Cytosine）組成，其中AT與GC分子兩兩配對，分子形狀會互補。

覺手掌中心部位沒有感覺，但是手掌周邊五個指頭會有感覺，好像氣場範圍擴大到周邊；換成單個C分子（單環鹼基分子），則氣場穿過會導致手掌中心處有比較強的感覺。很明顯的是，兩者對氣場的散射剛好互補，一個在手掌周邊，一個在手掌中心。接著，我們把兩個分子GC合併成DNA內相連的結構，結果氣場穿越合併的分子並不是兩者相加造成全手掌擾動，反而是風平浪靜，完全沒有擾動的感覺。這真是驚人的一刻，原來生物化學反應的鑰匙開鎖原理，是讓兩互補時空結構彼此結合，來撫平時空的缺陷，恢復完整平直的時空，而將時空缺陷所造成的動態時空所引起的系統運作問題解決，這也解釋了藥可以治病的原理。

我在《科學氣功》一書中所提及的分子X信息，就是這種與分子時空互補結構的信息。至於單個A或T分子模型，則不會對氣場有任何散射，A和T兩分子合併結果也是一樣，對氣場沒有散射能力。從水晶氣場偵測結果，G和C分子似乎比A和T更有符號的威力可以散射氣場，這可能與GC兩分子中六環鹼基一側邊有C＝O結構，另一側邊有

C-NH_2的特殊結構有關。事實上高GC含量的DNA段落也是高基因含量高轉譯的區段，也就是好的DNA段落。

由這些實驗數據我們開始了解，氣場打到晶體部分穿入虛空，會被週期性原子虛像散射重組，再鑽回實數空間，被手掌的經絡感知到。因此實數空間中物質世界不同物體的擺設都會影響氣場的分布，進而影響到人體。

過去，我們大多數人並不相信風水，認為風水是迷信，也不重視辦公室或家庭內家具的擺設位置，但是從我們的實驗結果來看，家具擺設的幾何形狀與位置的對稱或不對稱，顯然會影響氣的運動，造成不同的氣場分布，對人體健康可能也有不同的影響。那一般人怎麼辦？要到哪裡去找可靠的風水師來辨公室或家裡看一看？其實人群中有百分之十五到二十的人是經絡敏感型的人，對氣場會有些感受，在自己的家裡或辦公室調整一下家具的位置，感覺舒服的氣場就可以了。我相信未來隨著撓場研究的深入，撓場散射問題，應該可以逐步用計算機模擬出來，也許未來計算機風水設計師會是一個很夯的行業。

氣場「界水而止」的原因

我們從二〇〇〇年開始做氣場穿越不同物體的實驗，馬上就發現一張沾水的紙，就可以把氣完全吸收，這個實驗也被後來其他經絡敏感型的修課學生及NMR的核磁共振實驗所證實。但是我們一開始完全無法理解，水是如何把氣場吸收藏在水中？以什麼形式存在？

二〇一三年，我們開始從事撓場照水的研究，用核磁共振技術來測量撓場照水三分鐘後，來了解水分子團大小的變化。我們都是在化學系NMR實驗室做實驗每個星期做一次，總共做了兩年多超過一百次的實驗。我的合作夥伴蔡博士慢慢發現在實驗時，撓場產生器的電線如果垂掛在實驗鋁架上與實驗杯中水接近，與電線拉到牆邊、遠離杯中水的實驗結果竟然會不一樣。這讓我們傷透腦筋，為什麼水吸收撓場以後，會與附近環境的電線產生交互作用？

後來，與T小姐做氣場實驗時，我們才發現兩杯水如果放得太靠近，在五公分以內，則兩杯水似乎會交換氣場信息，這表示被水吸收的氣場，並不是侷限在水的內部，而會擴散到附近區域，這就解釋了為何環境的擺設會影響水中分子團的大小變化。氣會穿梭陰陽界進入虛空，因此我慢慢理解氣場經過水就被完全吸收，是因為氣場打到水就完全進入虛空的緣故。

由於水分子（如左圖5-8所示）是兩個氫原子與一個氧原子化合（H_2O），H-O化學鍵有兩個自旋相反的電子，形成3D的太極結構，有兩個魚眼，撓場可以一進一出穿梭陰陽界。但是氫原子核只有一個質子自旋，只有一個陰陽界通道，因此它是單行道只出不進。就像順向閥篩子一樣，撓場打入水中，被單向閥管控全部進入虛空而消失了，自然進入虛空的撓場會與附近環境中物體虛象作用，而干擾實驗的結果。由這些實驗我們真正了解到「氣界水而止」的物理原因，因為全進了虛空。

圖5-8　水分子與氣場作用

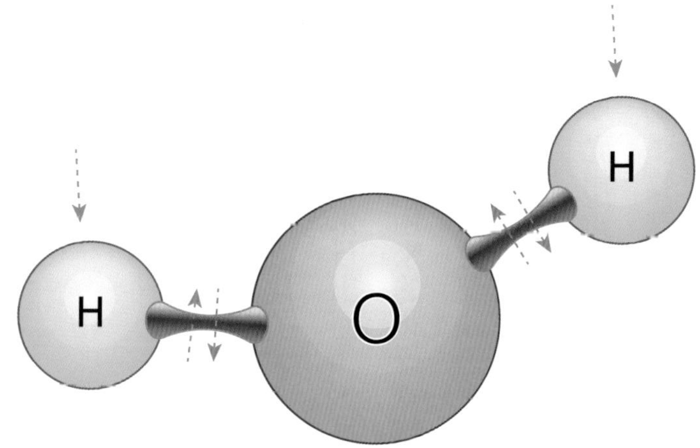

Point !

水分子是兩個氫原子與一個氧原子化合（H_2O），H-O化學鍵有兩個自旋相反的電子，形成3D的太極結構，有兩個魚眼，撓場可以一進一出穿梭陰陽界。但是氫原子核只有一個質子自旋，只有一個陰陽通道，因此它是單行道只出不進，導致撓場打入水中時，氣場全部進入虛空而消失。

物理農業，取代化學農業的未來

農業是人類社會賴以生存的根本，十九世紀中葉以後，科技的發展促成工業革命，機器取代了人力，人類文明日益發展，但是環境卻逐漸受到破壞。幾千年來日出而作、日落而息的農業也碰到相同的問題，人類生存環境在數十年來的化學資材包括肥料、殺蟲劑不當使用之下，受創至深，水質惡變，土壤缺乏生機。尤其不當施用化學農藥，導致生態失衡、病蟲草害失控與傳粉蜜蜂不明原因死亡，惡性循環之下，人類繼續不斷開發與應用新型藥劑，冀求掌控病蟲草害，結果卻適得其反。在此種無法依循生物共存的情況下，環境也更加快速惡化，可以說二十世紀是「化學農業」的世紀，也造成環境破壞的災難。

目前農業正處於由「化學農業」向「生態、環保、健康農業」的過渡時期，應該思考如何在無污染的條件下達到增產、優質、減少病蟲害的目標。最好能在不使用化學農藥、肥料下降低病蟲害之影響，同時維持環境與生態中有益微生物、益蟲正常數量與活力，故可以開始考慮利用物理方法來聚氣、集氣達成此目標。

曾與我合作過的臺大園藝及景觀系的張景森教授把這種概念稱之為「物理農業」，實在是一個了不起的創新方向，具體實現的方法是「利用風水佈局達到作物健康管理」，研究不同幾何圖形之氣場、風水佈局，對其栽培環境中微生物相及益蟲、害蟲變化之相互關係。

二〇六～二〇七頁圖5-9所展示的就是其中一項成果，張教授選擇兩種植物代表一陰一陽，陽的是綠色的薄荷，陰的是紫色的紫絹莧，分成兩種方式合種成一樣大的圓形，直徑一樣，面積固定，如右欄第一列圖形顯示。兩植物於某年六月十九日定植，第一個是種成太極圖，第二個是種成兩半圓，綠色薄荷及紫絹莧各植一邊，從圖片由上到下的變化，可觀察植物隨時間過去生長的情形。七月二十五日修剪後，可看到七月

圖5-9　太極與兩半圓植栽生長的生物效應

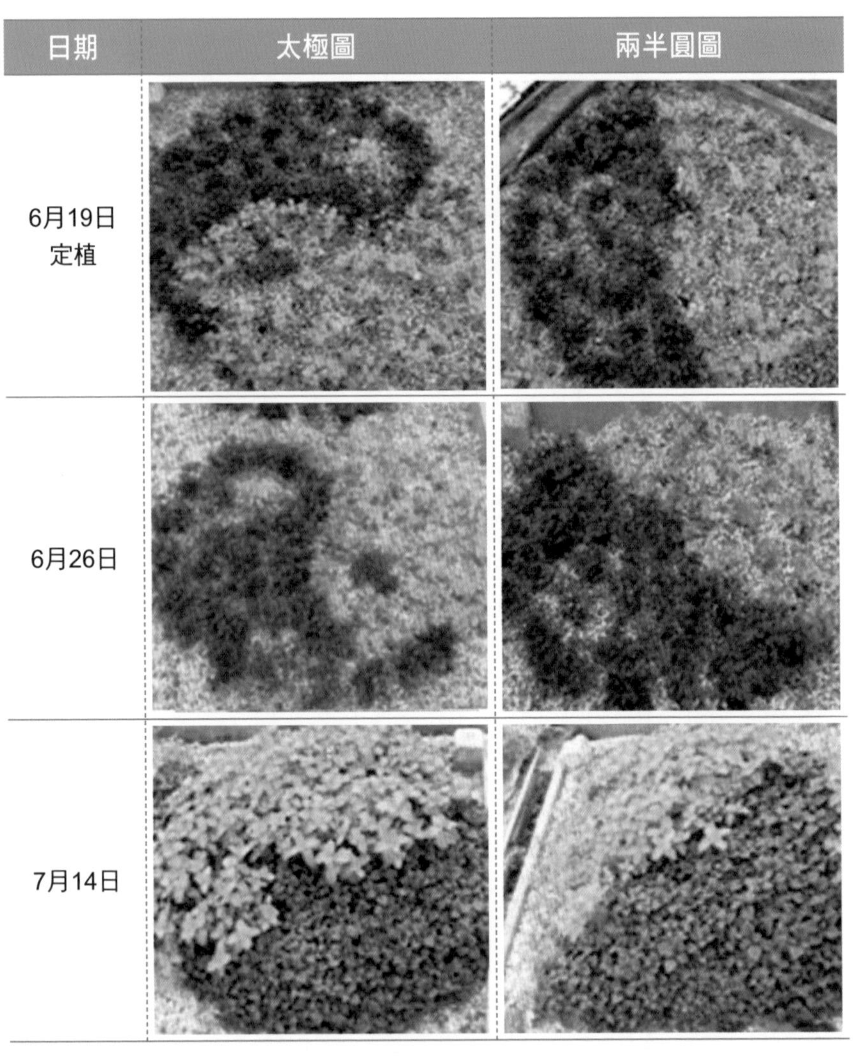

※ 綠色植物為薄荷，紫色植物為紫絹莧。

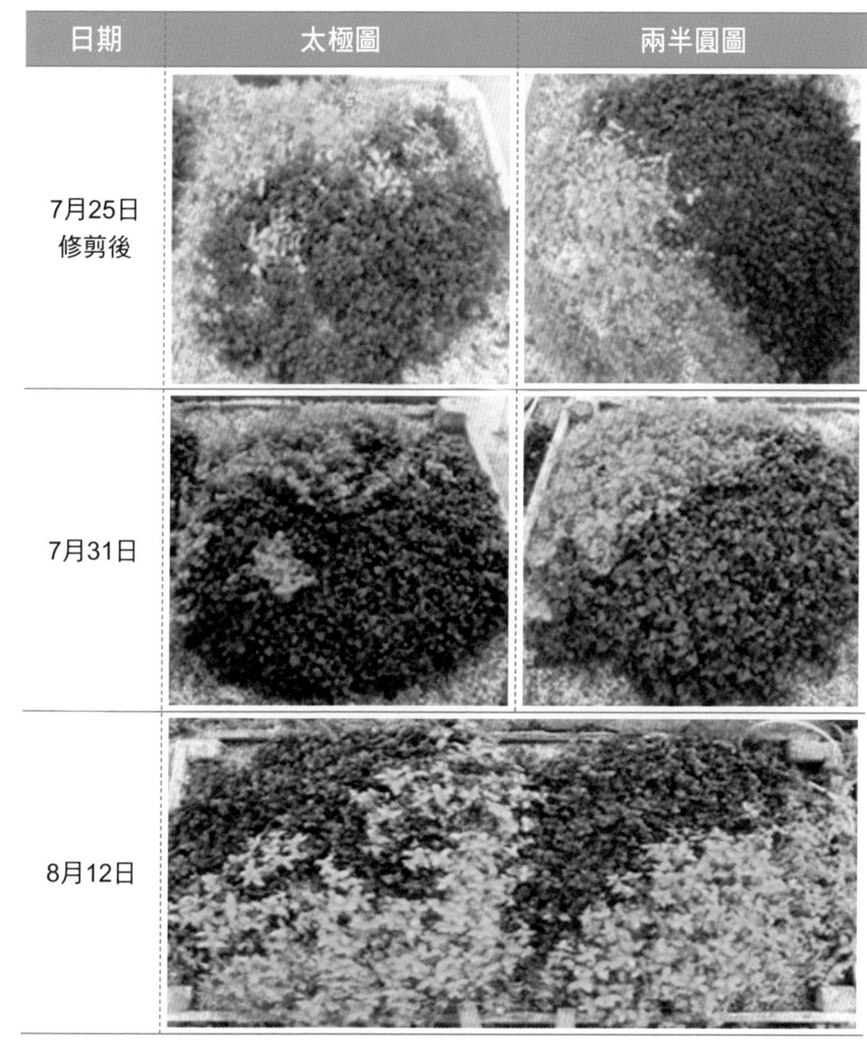

日期	太極圖	兩半圓圖
7月25日 修剪後		
7月31日		
8月12日		

三十一日成長的情形：種成太極圖的兩種植物維持飽滿圓形，互不侵犯，小魚眼圈中的植物，並沒有被外圍另一種大量的植物侵入；但是種成兩半圓的兩種植物則容易變形及缺角，有互相競爭的情形出現。

由於到了夏季的七、八月南向的薄荷成長在兩種圖形都比較旺盛，實驗於八月十二日結束，由此可以看出太極的幾何結構所創造的氣場，有利於不同物種間的和諧相處。

張教授為了重複驗證幾何圖形對植物生長的影響，曾以太極圖、右螺旋或兩半圓結合圖案分別於冬季種植香草植物如檸檬羅勒、紫羅勒，或夏季種植綠薄荷、胡椒薄荷，結果都是以太極圖和右螺旋圖對香草植物的植株存活率、生長量、植株健壯表現有顯著正向的效益。這也表示農業的栽植，最好不要用簡單線條方式種植，而是要改用可以聚氣、集氣，或導致氣場旋轉的圖案來栽植，可能收成會比較好。

若改以五行圖形種植前述香草植物，則以五行金（半圓形）、五行木（細長方形）對植株存活率、生長狀態、抗氧化有效成分，尤以三價鐵的還原抗氧化能力（FRAP）表現最佳。而以五行火圖形（三角形）種植者表現最差。

若利用五行色彩黏板（白、黃、綠、深藍、黑、紅、褐色）吸引茶園，也有益昆蟲試驗。因試驗時，非小綠葉蟬活動旺盛期（五到七月），吸引效果不佳，但以黑色黏板處理時，吸引昆蟲略多；黃色則對瓢蟲吸引效果有顯著性差異。

我與臺大園藝及景觀學系的張祖亮教授也嘗試合作過，把植物種成不同的卦象，放在不同的方位，研究植物的生長狀態及葉菜總量的變化。張教授設計出八卦陰陽爻的容器，如二一〇頁圖 5-10 (a) 所示，然後把陰陽爻的容器合組成八卦的卦象，放在園藝系的實驗場，做實驗培養萵苣，如下圖 5-10 (b) 所示。

二〇一四年十月，張教授種植一百五十六株皺葉萵苣穴盤苗定植於由陰爻及陽爻盆所組成之八卦幾何圖形。種植三十天後採收，調查葉片數、地上部①長度及地上部鮮重②。最後統計結果包括爻象（陰、陽）與

圖5-10 陰陽爻容器介紹

（a）陰陽爻容器介紹

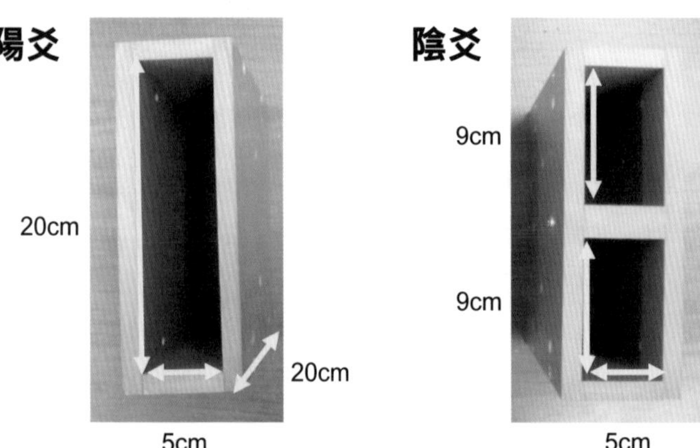

（b）八卦容器放不同方位對萵苣生長的影響

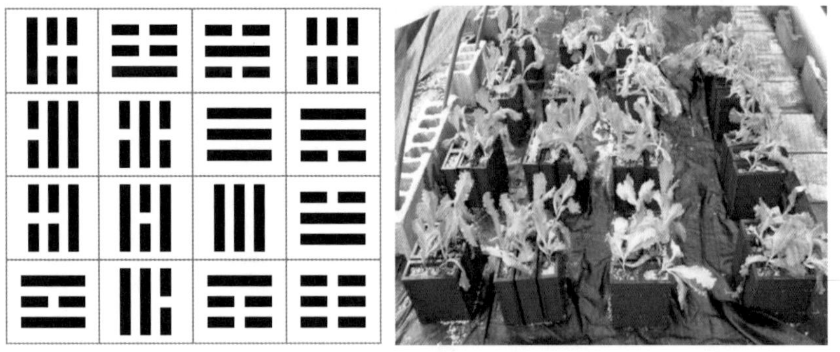

實驗是以厚度1.3cm之木板製作陽爻及陰爻之栽培容器。各個單體之間可用卡榫加以結合。做成八卦卦象結構之栽培組合。

方位（平、豎）的複因子試驗分析顯示，單一因子（如爻象或方位）對於萵苣地上部生長並無顯著的影響。而爻象與方位組合後之互感作用，則對於萵苣的地上部的鮮種、乾重具有顯著影響。但卦象對於萵苣地上部生長，除葉數外，地上部長度、鮮重及乾重皆有顯著影響。

此一結果亦顯示出卦象空間方位的組合，不是迷信，而確有其物理效應存在。而卦象與方位組合後之交互感應作用，則對於萵苣地上部生長之所有調查項目，皆具有顯著影響，這告訴我們種植作物時，面對不同的方向，要用不同卦象的幾何圖形來種植。其他如茶樹的種植、昆蟲的防治，也讓我們看到一些有趣的現象，我認為「物理農業」是二十一世紀農業科技值得參考的一個創新方向。

①作物生長包括地上部及地下部。莖、葉、花、果、芽等位於地面上，為地上部；根深入土壤，為地下部。

②鮮活的植物採集後立刻測出的重量。

撓場可作為星際通信的工具

第三章我已經介紹二〇一八年北京的工程師高鵬用Akimov 撓場發射器與紐約市立大學的Mark Krinker教授做了幾千公里從北京到紐約的遠距通訊實驗，兩人都用同一張照片作為撓場發射起始位址及接收撓場的定位器之用。雖然電磁波的通信在一百年前就做到同樣的事情，但是撓場有一個電磁波沒有的特性就是：撓場會穿入靈界。一旦穿入靈界，就不受實數時空、物質世界中廣義相對論對信息傳遞的光速限制，可以用遠超過光速的速度在宇宙傳播。

我在《靈界的科學》一書曾談到功能人用意識到四百三十八光年外的外星文明去看外星人，只要一到兩秒鐘，表示她天眼意識的速度至少比光速快10^7以上，瞬間即至。剩下的問題是：通訊技術要有共同的標準。一開始當然是採用最簡單的技術，就像當年發明電報一樣，可以用摩斯碼一長一短代表一與〇，就像數位技術一樣「二生三，三生萬物」，就可以開始通訊了。但是問題又來了，誰可以去跟外星人談判共同技術標準？很顯然的，就必須找到有電子科技知識的功能人，開了天眼直接去外星用心電感應與外星人溝通，就不需要語言文字，否則還要先學外星語言，那可太難了。至於如何定位的問題，也就是浩瀚宇宙中我們如何互相瞄準集中能量，以免信號能量太弱、雜訊太強而無法送去。還好靈界有一套自己的相應法則——「形形相印」，只要幾何結構完全一樣，或是互補結構，像鑰匙與鎖，不論尺寸大小都會互相吸引、找到對方，這也是高鵬與Mark Krinker教授用同一張照片來做撓場通信的原因。撓場打到發送者的照片後能穿入靈界，並帶著這一張照片的虛像在靈界搜尋接收者相同照片的虛象，由於「形形相印」瞬間即至，幾乎不用時間，然後撓場經過照片虛象穿回實數的物質世界，帶著傳送的信號就可以被偵測器偵測到。我相信二十一世紀四十年代以後，我們有機會開始利用撓場與外星文明展開通訊。

撓場偵測器，迎接撓力文明的到來

為了迎接撓力文明的到來，科學上最重要的關鍵就是找到撓場的偵測器，把看不見、不容易感受的撓場測量出來。俄國科學家花了幾十年時間測量撓場，但是發現極度困難，他們主要以Akimov撓場產生器實驗，我認為他們還是在測量伴隨產生撓場的線圈電磁場大小，而不是直接測量撓場的強弱。

至於Sphilman撓場產生器產生的撓場在二〇一六年有一項突破性的發現，北京大學的任全勝教授發現水的排斥區（Exclusion Zone，簡稱EZ）似乎可以偵測到撓場的強弱。

大家都知道水有固體、液體及氣體三相，二〇〇六年美國華盛頓大學G.H. Pollack教授提供令人信服的證據①，認為水存在第四相，是一種有規則結構的水。雖然爭議很大，十多年來也有其他模型被提出來，但是水的第四相仍然是主流看法。

Pollack教授發現，將表面帶負電性親水的高分子薄膜（Nafion film）插入去離子水中，水中浸泡有表面帶負電的小奈米塑膠球（直徑約五百奈米），很快地在幾分鐘之內，接近Nafion薄膜表面之奈米球會全部被排開，出現一個透明的排斥區，寬約幾百微米，是一般人頭髮寬度的五到十倍，如二一六頁圖5-11上視圖所示，光線是從白色鐵氟龍裝水盒子下方往上照，黑色部分就是奈米球，黑壓壓的一片且不透光，微亮的排斥區在Nafion薄膜兩測開展。

最神奇的是，根據Pollack教授的發現，水的排斥區會把氫離子趕出排斥區在外圍，氫氧負離子（OH^-）留在內，正負電荷被規則排列緻密的排斥區水晶格阻絕，無法互相吸引接近而中和，正負電各自累積因此形成一個電池，可以外接導線到正負電荷區域用來發電。

圖5-11 水排斥區的上視圖與側面圖

（a）上視圖

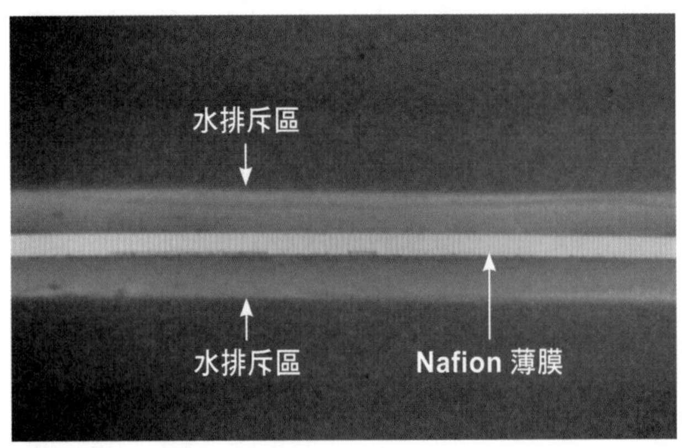

（b）側視圖

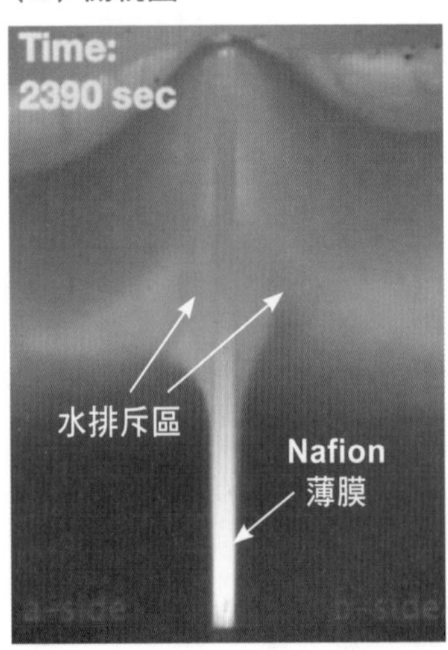

(a)圖顯示光線是從白色鐵氟龍樊水盒子下方往上照，黑色部分就是奈米球，微亮的排斥區在Nafion薄膜兩測開展。(b)圖為排斥區的側視圖，橘色的排斥區形成了一個美麗的十字架區域。

功能人T小姐做手指識字實驗時，大腦打開天眼時，左右手掌的食指底端會產生約二十到四十毫伏特（mV）的電壓，有時電壓會延續兩分鐘之久，好像整個大腦變成一個電池，把電壓經過神經送到手上。這讓我極度懷疑，大腦中的天眼就是腦中某個區域的生理食鹽水被親水性細胞膜引導，進入水的第四相產生電池現象，局部電壓導致水排斥區密度增加到進入玻色—愛因斯坦凝態②的量子狀態（Bose-Einstein condensation）而產生天眼。

我的實驗室在二〇一八年開始研究水的排斥區，除了傳統地用顯微鏡從液面上方觀察水排斥區的寬度變化，如右圖5-11的上視圖，我們也同時用第二個顯微鏡觀察Nafion薄膜附近排斥區的側面擴展情形，全部過程用電腦控制每秒同步拍照一次，然後相互比較。結果，我們發現排斥區的側面圖形展現出非常壯觀的景象，如圖5-11的側視圖所示，橘色的排斥區形成了一個美麗的十字架區域，橘色是Nafion薄膜內雜質在光照之下發出的顏色，本來橘色光被侷限在薄膜波導內傳播，但是第四相結構水出現後有比較高的密度，導致光穿出薄膜射進排斥區，讓我們看到十字架的排斥區。

果然沒錯，如北大任教授所發現，用撓場照射水排斥區四十分鐘，排斥區會擴展百分之十到二十五，右旋撓場比左旋要強，造成的擴展比較寬。當左旋撓場先穿過佛字，再照向水排斥區，寬度甚至會增加到百分之三十左右非常驚人，也證實了前幾章所描述的經絡敏感型受試者會感覺佛字放大氣場的現象。

未來如果能把撓場偵測器做成面板，像電腦液晶螢幕一樣，就可直接看出撓場的強弱分布，風水布局將會簡單到變為日常生活的一部分。

①參考資料：Zheng, J.; Chin, W.; Pollack, G.H. Advancesin Colloid and Interface Science 2006, 127, 19-27.

②是指玻色子原子在冷卻到接近絕對零度時，呈現出的一種氣態的、超流性的物質狀態，於一九二〇年代，由物理學家薩特延德拉・納特・玻色和阿爾伯特・愛因斯坦提出預測。

完成特斯拉未竟的理想——虛空取能

我在第三章最後一篇，介紹了我無意發明的「氣的震盪器」（請見一一九頁），竟然是一個虛空取能器，只是能取出的能量非常有限，現在無法展現真正的用途。

二〇一六年，我遇到高雄一家小電機公司的林總經理與中山大學陳教授，他們合作發展了一台轉子為八個電極的發電機，設計非常奇特。林總經理過去因生病開始練氣功、打坐，並且注意營養一段時間後就痊癒了，後來他繼續打坐時，從靈界下載了這個發電機的設計。

一般發電機的定子上，每個溝槽繞線的圈數都相同，他卻採用中國傳統《洛書》的設計，相對兩溝槽繞線的總圈數固定例如十圈，但是八極各相對溝槽分別為九加一、八加二、七加三、四加六圈依序排列；發電機由馬達帶動，產生的電力送往負載。神奇的是，在某種運轉頻率範圍下，輸出給負載的功率竟然高過輸入馬達的功率。

林總經理與陳教授遍訪國內馬達及發電機專家，甚至到國家負責科技發展的科技部，去報告成果，尋求支援，結果一句「這違反能量不滅定律」，只好灰頭土臉而回。最後他們看到我是專門做怪力亂神實驗的學者，心想也許可以談談，跑來找我評估。

我建議他們做一系列實際的路跑實驗來驗證，用現在的標準電池放在機車上，測試看看跑多少公里後電壓會降到四十九伏特以下就要重新充電，結果路跑了四十公里以後就要充電。然後，我請他們把新發明的發電機串接上標準電池當作回充電力系統，應該可以提高電池的效率，然後再路跑一次。當時，我建議他們只要跑到八十公里就好，千萬不要超出太多，以免其他人完全不信。

最後，他們將詳細的實驗結果拿給我看，並且重頭到尾用儀表詳細記錄電池電壓變化與里程關係。當車子跑到八十公里結束的時候，用氣發明的發電機串接後的電池還有五十五伏特電壓，表示還可以繼續跑，但這已經是正常標準電池運作可能跑到的最大距離的兩倍。這是我親自參與實驗後看到的實情，讓我心情激動不已，可惜的是，林總經理二〇一九年因病已經過世，他把從國內外獲得的發電機專利，加上剩下的研發工作，交給他的家人及高雄市幾個大學的三、四位教授繼續發展，希望有一天這項技術能真正問世。

這種撓場撕裂時空所產生的力量，同時也是特斯拉一百多年前所「幻想」的世界，已經在我眼前呈現，顯見二十一世紀新的撓力文明已經在我面前展開。

國家圖書館出版品預行編目資料

撓場的科學：解開特斯拉未解之謎，揭曉風水原理，領航靈界取能、星際通訊的人類發展新紀元！/李嗣涔著. -- 初版. -- 臺北市：三采文化，2020.11
面；　公分. --（PopSci；11）

ISBN 978-957-658-424-4
1. 科學 2. 超心理學 3. 通俗作品

307.9　　109013913

◎封面圖片提供：
vchal ／ Shutterstock.com
kazumi miyamoto ／ Shutterstock.com
ZU_09 ／ iStock.com

注意：書中所附 QR Code 僅供本書搭配使用，擅自複製或移作他用者須自負一切法律責任。

suncolor 三采文化集團

PopSci 11

撓場的科學

解開特斯拉未解之謎，揭曉風水原理，領航靈界取能、星際通訊的人類發展新紀元！

作者｜李嗣涔
副總編輯｜鄭微宣　責任編輯｜劉汝雯
美術主編｜藍秀婷　封面設計｜李蕙雲　內頁排版｜陳育彤　內頁插圖｜彭綉雯
行銷經理｜張育珊　行銷企劃｜周傳雅

發行人｜張輝明　總編輯｜曾雅青　發行所｜三采文化股份有限公司
地址｜台北市內湖區瑞光路513巷33號8樓
傳訊｜TEL:8797-1234　FAX:8797-1688　網址｜www.suncolor.com.tw
郵政劃撥｜帳號：14319060　戶名：三采文化股份有限公司
初版發行｜2020年11月6日　定價｜NT$450
3刷｜2020年12月10日